Referenzkarte C

Datentypen und Typdefinition

Grunddatentypen 15

char
int, short [int], long [int], unsigned [int]
float, double (= long float)

Anmerkung: Die Seitenangaben beziehen sich auf das im VEB Verlag Technik erschienene Buch „Programmieren mit C“ von M. Clauß und G. Fischer

Kombinierte Typen (nicht für alle Compiler) 16

unsigned short, unsigned long, unsigned char

Strukturtyp 53

```
struct [<strukturtypbezeichner>] {
   <typ> <bezeichner>;
      . . .
}
```

Bitfeldtyp 56

```
struct [<strukturtypbezeichner>] {
   [unsigned <bezeichner>]: <konstantenausdruck>I0;
      . . .
}
```

Uniontyp 58

```
union [<uniontypbezeichner>] {
   <typ> <bezeichner>;
      . . .
}
```

Aufzählungstyp 60

```
enum [<aufzählungstypbezeichner>] {
   <enum-bezeichner> [= <konstantenausdruck>] [, . . .]
}
```

Definition von synonymen Typbezeichnern 61

```
typedef <typ> <bezeichnerliste>;
   typedef struct datum DATUM;
```

Konstanten

Integerkonstanten 17

dezimal :	**12**	**12L**	**65567**
oktal :	**012**	**012L**	**0777777**
hexadezimal:	**0x12**	**0x12L**	**0xFFFFF**

Realkonstanten 17

1E3	**1e3**	**1.e−3**
.47	**2.**	**−12.34e−6**

Zeichenkonstanten (int) 17

'A' **'\n'** **'\011'**

Zeichenkettenkonstanten 18

"a" **" "** **"abcdefg"**

Variablen

```
[<speicherklasse>] <typ> <bezeichnerliste>;
int i, *ptr, k[5] = { 1, 3, 18 };
static char b[ ] = "Programm", a[5] [2];
static char *keyword[ ] = { "if", "else", . . ., "for" };
struct datum heute;
struct {
   short flag;
   char string[80];
} table[25];
```

Implizite Typkonvertierungen

Funktionsargumente und Operanden arithmetischer Ausdrücke

char, short	-->	**int**
unsigned char, unsigned short	-->	**unsigned int**
float	-->	**double**

Teilausdrücke verschiedener Typen in arithmetischen Ausdrücken

unsigned int -- long -- unsigned long -- double

Wertzuweisung und Rückgabe von Funktionswerten

Konvertierung in den Typ von <lvalue> / der Funktion

Operatoren und Ausdrücke

Operator	Bezeichnung	Ausdruck	Assoz.
( )	Funktionsruf	<einf_Ausdr>([<arg_liste>])	L
[ ]	Feldoperator	<einf_Ausdr>[<ausdruck>]	
->	Strukturoperator	<einf_Ausdr> -> <bezeichner>	
.	Strukturoperator	<lvalue> . <bezeichner>	
~	Negation bitweise	~ <ausdruck>	R
!	Negation logisch	! <ausdruck>	
+ +	Inkrement	+ + <lvalue> | <lvalue> + +	
− −	Dekrement	− − <lvalue | <lvalue> − −	
−	Vorzeichen	− <ausdruck>	
(<typ>)	Typkonvertierung	(<typ>) <ausdruck>	
*	Zeigeroperator	* <ausdruck>	
&	Adreßoperator	& <lvalue>	
sizeof	Größenoperator	sizeof <ausdruck> | (<typ>)	
*	Multiplikation	<ausdruck> * <ausdruck>	L
/	Division	<ausdruck> / <ausdruck>	
%	Divisionsrest	<ausdruck> % <ausdruck>	
+	Addition	<ausdruck> + <ausdruck>	L
−	Subtraktion	<ausdruck> − <ausdruck>	
<<	Linksverschiebung	<ausdruck> << <ausdruck>	L
>>	Rechtsverschiebung	<ausdruck> >> <ausdruck>	
<	Vergleich	<ausdruck> < <ausdruck>	L
>	Vergleich	<ausdruck> > <ausdruck>	
< =	Vergleich	<ausdruck> < = <ausdruck>	
> =	Vergleich	<ausdr> > = <ausdr>	
= =	Vergleich	<ausdruck> = = <ausdruck>	L
! =	Negation, ungleich	<ausdruck> ! = <ausdruck>	
&	UND bitweise	<ausdruck> & <ausdruck>	L
^	EXOR bitweise	<ausdruck> ^ <ausdruck>	L
|	ODER bitweise	<ausdruck> | <ausdruck>	L
& &	UND logisch	<ausdruck> & & <ausdruck>	L
| |	ODER logisch	<ausdruck> | | <ausdruck>	L
? :	Entscheidung	<ausdr> ? <ausdr> : <ausdr>	R
=	Wertzuweisung	<lvalue> = <ausdruck>	R
<op> =	zusammengesetzte Zuweisung	<lvalue> <op> = <ausdruck> <op> : + − * / % & | ^ << >>	
,	Kommaoperator	<ausdruck> , <ausdruck>	L

Achtung:
Die Reihenfolge der Auswertung der Operanden binärer Operatoren ist nicht definiert! Logische Ausdrücke werden nur so weit wie nötig berechnet! L: linksassoziativ, R: rechtsassoziativ

Speicherklassen für Variablen und Funktionen

Variablen- und Funktions-deklaration	Gültigkeits-bereich	Speicherklasse implizit	Speicherklasse erlaubt	Lebens-dauer	Speicher-vergabe/ Code-erzeugung	Initialisierung implizit	Initialisierung explizit (~Unions!)	Anmerkung
Variablen innerhalb von Funktionen oder Blöcken	Block	auto	auto	Block	dynamisch	unbestimmt	Code-erzeugung	keine explizite Initialis. für Felder/Strukt.
			register	Block	Register	unbestimmt	Code-erzeugung	nicht alle Typen, nicht adressierbar
			extern	–	nein	–	–	Importvariable oder weiter unten definiert
			static	Programm	statisch	0	Compiler	
Variablen außerhalb von Funktionen oder Blöcken	von der Definition bis zum Ende des Quelltextes	extern	extern, implizit	Programm	statisch	0	Compiler	Exportvariable
			extern, explizit	–	nein	–	–	Importvariable
			static	Programm	statisch	0	Compiler	kein Export
Funktions-parameter		auto	auto, implizit	Block	dynamisch	Wert	–	
			register	Block	Register	Wert	–	
Funktionen außerhalb von Funktionen oder Blöcken	Punkt der Definition bis Ende Quelltext	extern	extern Deklaration	–	nein	–	–	Importfunktion oder weiter unten definiert
			extern Definition	–	ja	–	–	Exportfunktion
			static	–	ja	–	–	kein Export
Funkt. innerhalb von Funktionen oder Blöcken	Block	extern	extern	–	nein	–	–	Importfunktion oder weiter unten definiert

Bezeichnerklassen

Variablennamen, Funktionsparameter, Enum-Elemente	Funktionsnamen Typedef-Typbezeichner
Strukturtypen, Aufzählungstypen	Uniontypen

Struktur-kompo-nenten	Struktur-kompo-nenten	. . .	Struktur-kompo-nenten
Union-kompo-nenten	Union-kompo-nenten	. . .	Union-kompo-nenten

Die Länge von Bezeichnern ist nicht begrenzt, aber nur die ersten 8 Zeichen sind signifikant.

Funktionen

Definition:

```
[static] <typ> <funktionsname> <parameterliste>)
   <parameterdeklarationsliste>
<block>
```

Deklaration:

```
[extern] <typ> <funktionsname> ( );
```

Typen von Funktionsparametern:

- **alle Datentypen (Wertübergabe)**
- **Zeiger auf beliebige Datentypen, Felder und Funktionen; Felder, Zeichenkettenkonstanten und Funktionen werden als Zeiger übergeben**
- * **Die Funktion muß in der rufenden Funktion deklariert sein.**

Typen von Funktionsergebnissen:

- **alle Datentypen, auch Typattribut void**
- **Zeiger auf beliebige Datentypen, Felder und Funktionen**
- * **Die Funktionsabarbeitung endet mit der Returnanweisung oder Erreichen des Blockendes.**

ZEITSCHRIFT FÜR MIKROELEKTRONIK · COMPUTERTECHNIK · INFORMATIK

MP

Heft 5 · 1990

Mikroprozessortechnik

VEB Verlag Technik Berlin
ISSN 0232-2892

mit Beiträgen aus c't
und Computer PERSÖNLICH

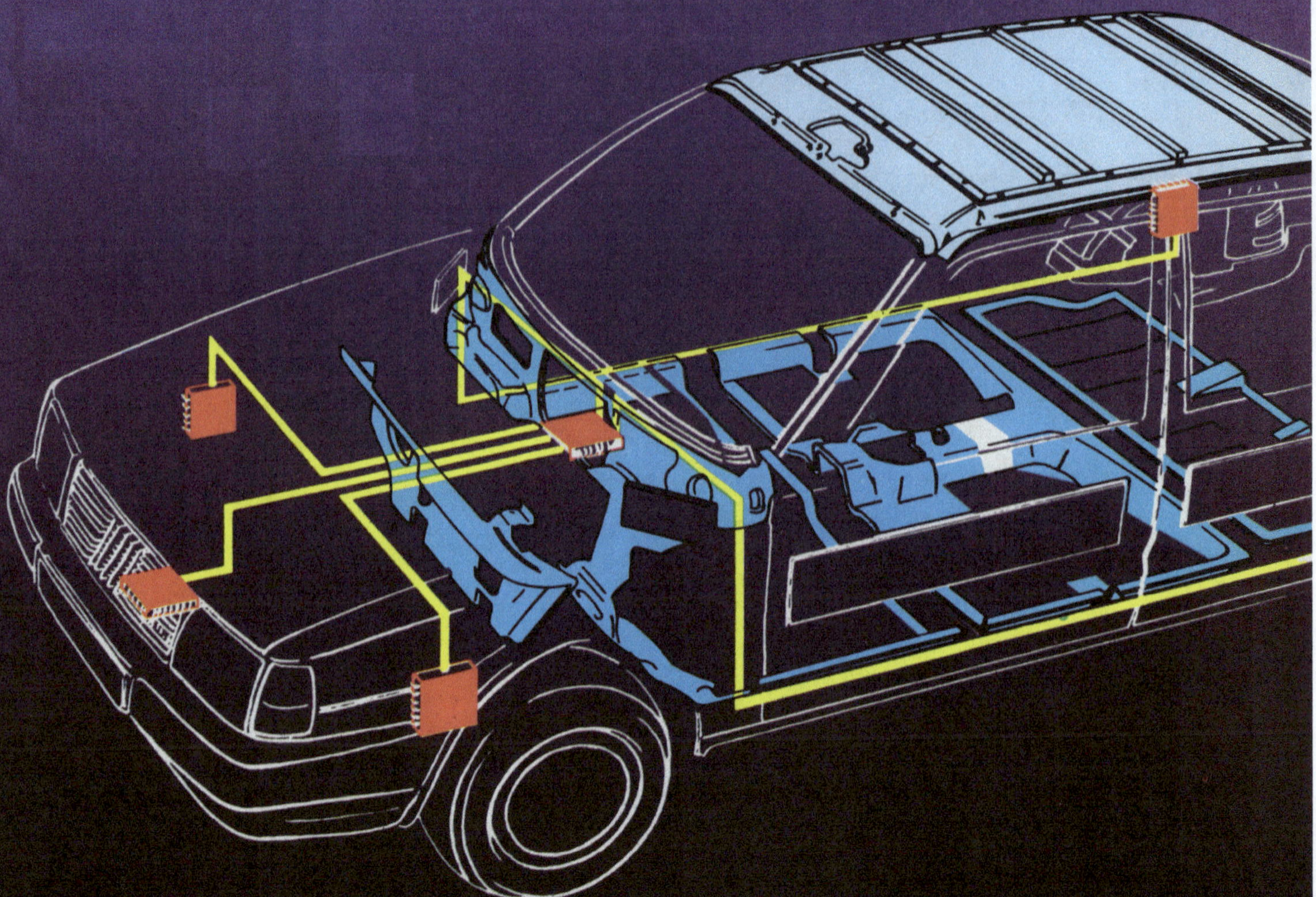

Mikrocontroller

Zeitschrift für Mikroelektronik · Computertechnik · Informatik
4. Jahrgang · ISSN 0232–2892

Mikroprozessortechnik, Heft 5 · 90

Herausgeber Kammer der Technik, Fachverband Elektrotechnik

Verlag Verlag Technik, Oranienburger Str. 13/14, DDR–1020 Berlin; Telegrammadresse: Technikverlag Berlin; Telefon: 28700, Telex: 011 2228 techn dd

Verlagsdirektor Klaus Hieronimus

Redaktion Hans Weiß, Verantwortlicher Redakteur (Tel. 2870371); Redakteure: Herbert Hemke (Tel. 2 87 02 03), Hans-Joachim Hill (Tel. 287 02 09); Sekretariat Tel. 2870381

Gestaltung Christina Bauer

Titel Frank-Norbert Beyer

Beirat Prof. Dr. sc. Thomas Horn, Prof. Dr. Bernd Junghans, Dr. Dietmar Keller, Prof. Dr. sc. Bernd-Georg Münzer, Prof. Dr. sc. Peter Neubert, Prof. Dr. sc. Dr. Michael Roth (Vorsitzender), Dr. Gerhard Schulze, Prof. Dr. sc. Manfred Seifart, Dr. Dieter Simon, Prof. Dr. sc. Dr. Jürgen Zaremba

Lizenz-Nr. 1710 des Presse- und Informationsdienstes der Regierung der DDR

Gesamtherstellung Druckerei Märkische Volksstimme Potsdam

Anzeigenannahme Verlag Technik, Anzeigenverwaltung, PSF 201, Berlin, 1020; Tel. 2 87 02 54, 2 87 02 91

Redaktionsschluß 9. März 1990

AN (EDV) 49837

Erscheinungsweise monatlich 1 Heft

Heftpreis 5,– M, Abonnementspreis vierteljährlich 15,– M; Auslandspreise sind den Zeitschriftenkatalogen des Außenhandelsbetriebes BUCHEXPORT zu entnehmen.

Bezugsmöglichkeiten
DDR: sämtliche Postämter; *SVR Albanien:* Direktorije Quendrore e Perhapjes dhe Propaganditit te Librit Rruga Konference e Pezes, Tirana; *VR Bulgarien:* Direkzia R.E.P., 11a, Rue Paris, Sofia; *VR China:* China National Publications Import and Export Corporation, West Europe Department, P.O. Box 88, Beijing; *ČSSR:* PNS – Ustřední Expedicia a Dovoz Tísku Praha, Slezská 11, 120 00 Praha 2, PNS, Ústredna Expedicia a Dovoz Tlače, Pošta 022, 885 47 Bratislava; *SFR Jugoslawien:* Jugoslovenska Knjiga, Terazija 27, Beograd; Izdavačko Knjižarsko Produzeće MLADOST, Ilica 30, Zagreb; *Koreanische DVR:* CHULPANMUL Korea Publications Export & Import Corporation, Pyongyang; *Republik Kuba:* Empresa de Comercio Exterior de Publicaciones, O'Reilly No. 407, Ciudad Habana; *Republik Polen:* C.K.P.i.W. Ruch, Towarowa 28, 00-958 Warszawa; *Rumänien:* D.E.P. Bucureşti, Piaţa Scînteii, Bucureşti; *UdSSR:* Sämtliche Abteilungen von Sojuzpečat' oder Postämter und Postkontore; *Republik Ungarn:* P.K.H.I., Külföldi Előfizetési Osztály, P.O. Box 16, 1426 Budapest; *SR Vietnam:* XUNHASABA, 32, Hai Ba Trung, Há Nôi; *BRD und Berlin (West):* ESKABE Kommissions-Grossobuchhandlung, Postfach 36, 8222 Ruhpolding/Obb.; Helios-Literatur-Vertriebs-GmbH, Eichborndamm 141–167, Berlin (West) 52; Kunst und Wissen Erich Bieber OHG, Postfach 46, 7000 Stuttgart 1; Gebrüder Petermann, BUCH + ZEITUNG INTERNATIONAL, Kurfürstenstraße 111, Berlin (West) 30; *Österreich:* Helios-Literatur-Vertriebs-GmbH & Co. KG, Industriestraße B 13, 2345 Brunn am Gebirge; *Schweiz:* Verlagsauslieferung Wissenschaft der Freihofer AG, Weinbergstr. 109, 8033 Zürich; *Alle anderen Länder:* örtlicher Fachbuchhandel; BUCHEXPORT Volkseigener Außenhandelsbetrieb der Deutschen Demokratischen Republik, Postfach 160, DDR – 7010 Leipzig und Leipzig Book Service, Talstraße 29, DDR – 7010 Leipzig

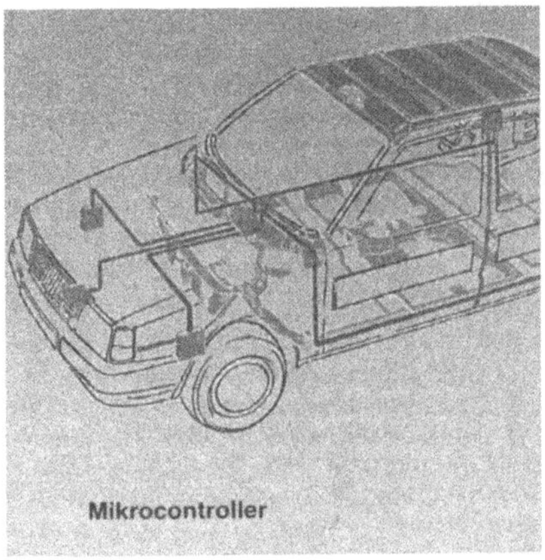

Mikrocontroller und Einchipmikrorechner für eingebettete Systeme dominieren auf dem Mikroprozessormarkt. Im Gerätebau, in der Prozeß- und Produktionsautomatisierung sowie in der Konsumgüterindustrie kommen z. Z. vor allem 8-Bit-Systeme zum Einsatz. 16- und 32-Bit-Systeme werden in den 90er Jahren bestimmend sein. Mit ASIC-Zellenbibliotheken werden Prozessorkerne und Peripheriebausteine nutzbar gemacht. Der Beitrag auf der **Seite 130** stellt die Architekturlinien des Marktführers Intel vor. Neben dem Schwerpunkt – dem MCS-51-System – werden die Systeme 80186, 80376, MCS-48, MCS-96 sowie 80960 behandelt.

Computer PERSÖNLICH

Sollte Ihnen unser Hinweis auf dem Titelbild entgangen sein, so möchten wir Sie an dieser Stelle darauf aufmerksam machen, daß Sie in der MP ab diesem Heft künftig Beiträge auch aus der Zeitschrift Computer Persönlich (CP) finden werden. Eine entsprechende Vereinbarung zum gegenseitigen Nachdruck von Artikeln wurde Anfang Februar zwischen den Redaktionen unterzeichnet. Die Beiträge der im Verlag Markt & Technik erscheinenden CP wenden sich vor allem an den beruflichen PC-Anwender, so daß wir sie als sinnvolle Ergänzung zu den Beiträgen aus der c't ansehen.
In diesem Heft beginnen wir mit der Vorstellung von drei Betriebssystemen, die mit Multitasking- **und** Multiuserfähigkeiten aufwarten wie etwa Unix, darüber hinaus jedoch MS-DOS-kompatibel sind (**Seite 141**).
Der zweite CP-Beitrag stellt in kurzer Form das neue Flaggschiff der Motorola-Mikroprozessoren, den 68040 vor, der mit 1,2 Millionen integrierten Transistoren und einer Leistung von 20 MIPS Intels 80486 Konkurrenz machen wird (**Seite 153**).

Vorschau

Für das Heft 6/1990 bereiten wir für Sie unter anderem Beiträge zu folgenden Themen vor:
- Protected Mode
- i80960

Schnittstellen von Turbo-C zu MS-DOS

Inhalt

Mikrocontroller und Mikrorechner

Dr. Gert-Ulrich Vack, Dresden

In diesem Beitrag werden 8-, 16- und 32-Bit-Mikrocontroller und Mikroprozessoren für eigebettete Systeme vorgestellt. Dabei werden vor allem die 8-Bit-Familien MCS-48 und MCS-51 ausführlich diskutiert. Bisher besteht dazu in der DDR ein Informationsdefizit. Vor allem in Verbindung mit Entwurf, Herstellung und Applikation anwendungsspezifischer Schaltkreise erhalten diese 8-Bit-Mikrocontroller eine überragende Bedeutung für den Gerätebau.
Am Beispiel der Produktlinien von Intel wird zugleich ein Stück Firmenstrategie illustriert: Kompatibilität, Wiederverwendbarkeit und anwenderorientierter Zuschnitt der Produkte sind – neben anderen Faktoren – seit fast zwei Jahrzehnten eine Gewähr für Marktführerpositionen.

Was ist ein Mikrocontroller?

Der Geburtshelfer des Mikroprozessors, die US-amerikanische Firma Intel, führte bereits 1976 neben den bis dahin entwickelten 4- und 8-Bit-Mikroprozessoren 4004, 8008 und 8080 einen neuen Ast im Stammbaum der Mikroprozessoren ein: die Klasse der Mikrocontroller. Erster Repräsentant war die Familie MCS-48. Die Fortschritte im Integrationsgrad von Chips gestatteten es, neben einer 8-Bit-CPU noch I/O-Ports, RAM und ROM bzw. EPROM auf einem Chip zu vereinigen. Damit wurden völlig neue Anwendungsbereiche für Mikroprozessoren erschlossen, zum Beispiel in der Kfz-Elektronik, der Haushaltselektronik oder im großen Bereich der industriellen Elektronik (z. B. Maschinenbau). In der DDR hat sich für solche Prozessoren die international weniger gebräuchliche Bezeichnung *Einchipmikrorechner* eingebürgert.
Mit diesen Applikationen verbinden sich Begriffe wie *eingebetteter Computer* (englisch: embedded computer), *eingebetteter Controller* oder *eingebetteter Mikroprozessor*. Mit dem Adjektiv eingebettet wird die Besonderheit ausgedrückt, daß der Prozessor/Computer komplett im Gerät verschwindet, für den Anwender also nicht unmittelbar sichtbar ist. (Der Prozessor ist in seine Einsatzumgebung eingebettet.) Meist können nicht einmal mehr die Programme geändert werden, sie stehen nämlich im ROM bzw. im EPROM.
Eingebettete Computeranwendungen sind durch folgende typische Einsatzbedingungen charakterisiert:
– kompakte, wenig platzaufwendige, kostengünstige Hardware mit geringem Stromverbrauch und wenig Aufwand an „Rundumhardware" (englisch: glue logic, wörtlich „Logik zum Zusammenleimen")
– hohe Zuverlässigkeit auch unter ungünstigen Einsatzbedingung (z. B. Temperatur, Druck, harte Strahlung, Beschleunigungen, elektrische und magnetische Störfelder), Fehlertoleranz für besondere Anforderungen
– Reaktionsfähigkeit im Sinne eines Echtzeitsystems
– einfache, möglichst problembezogene Programmierung mit leistungsfähiger Programmierumgebung (z. B. Echtzeitdebugger, Emulator).

Der Kostenfaktor ist der bestimmende Aspekt, weil Geräte mit integriertem Mikrocontroller überwiegend in deutlich niedrigeren Stückzahlen verkauft werden als zum Beispiel Universal-PCs. (Anwendungen wie etwa die Kfz-Elektrik oder Haushaltgeräte sind die Regel bestätigende Ausnahmen.) Die Kosten eines eingebetteten Rechnersystems müssen auf deutlich weniger Installationen verteilt werden als bei massenhaft produzierten Universalrechnern.
Diese Forderungen sind nur erfüllbar, wenn die eingebetteten Rechner eine einfache und robuste Schaltungstechnik aufweisen und auf der Basis leistungsfähiger, funktionell kompakter Prozessorarchitekturen arbeiten.
Dem Merkmal der Echtzeitfähigkeit kommt besondere Bedeutung zu. Man versteht darunter die Eigenschaft, auf äußere Ereignisse (z. B. das Anbieten eines Meßwertes) hinreichend schnell (z. B. mit der Ausgabe eines Stellsignals innerhalb einer durch die Prozeßcharakteristik bestimmten Abtastrate) reagieren zu können. Dabei können je nach Prozeß völlig unterschiedliche Reaktionszeiten eine Rolle spielen. Strömungsprozesse etwa (z. B. Trocknungsprozesse) sind langsame Prozesse. Man hat dort relativ viel Zeit zur Informationsverarbeitung. Robotersteuerungen mit optischen Erkennungssystemen hingegen erfordern die Verarbeitung sehr großer Informationsmengen in kurzen Zeitintervallen. Aufschluß über das Reaktionsvermögen eines Prozessors unter Echtzeitbedingungen gibt die Interruptreaktionszeit. Angaben dazu sind aber mit Vorsicht zu werten, da zum Beispiel das Betriebssystem (Interruptbehandlungsprogramme), aber auch die Hardwareumgebung (z. B. Speicherinterface) zu entscheidender Verlangsamung der Interruptverarbeitung führen können.
Der Anwendungsbereich eingebetteter Rechnersysteme läßt sich nach /1/ grob in 3 Teilbereiche einteilen:

- sequentielle Steuerungen (z. B. speicherprogrammierbare Steuerung einer Werkzeugmaschine)
- geschlossene Regelkreise (z. B. Anfahrregelung eines Kernreaktors)
- Datenkommunikation und -verarbeitung (z. B. Bildverarbeitungsteil eines leistungsfähigen Kopiergerätes).

Grundsätzlich kann man für jede dieser Aufgabenklassen auch Universalmikroprozessoren einsetzen. Führende Halbleiterhersteller sind aber insgesamt dazu übergegangen, spezifische Architekturen zu entwickeln, die für bestimmte Anwendungen zugeschnitten sind. Solche Mikroprozessoren heißen im anglo-amerikanischen Sprachbereich Mikrocontroller. Mit dem Mikrocontroller werden wieder jene dominierenden Anwendungsbereiche zurückerobert, für die Mikroprozessoren ursprünglich erdacht wurden, und die sich mit dem Begriff „softwareprogrammierte Steuerung" überschreiben lassen. Zuerst waren Mikroprozessoren für Tischrechner und Terminalsteuerungen vorgesehen. Sie bewährten sich dann auch in der industriellen Steuerungstechnik zur Ablösung „fest verdrahteter" Gerätetechnik. Ab Mitte der 70er Jahre begannen sie, in die von traditionellen Rechenanlagen belegten Marktsegmente einzudringen. Im Vordergrund stand deshalb die Erhöhung der Verarbeitungsleistung (MIPS-Explosion). Zuerst wurden den Minirechnern Marktanteile abgerungen. Mit den PCs eröffneten sich völlig neue Preis-Leistung-Klassen. Gegenwärtig wird sogar der Supercomputerbereich schrittweise erobert.
Wenngleich die traditionellen Datenverarbeitungsanwendungen im Vordergrund auch des publizistischen Interesses stehen, so darf nicht übersehen werden, daß weltweit etwa doppelt so viele Mikrocontroller (also spezielle CPUs für eingebettete Computersysteme) verkauft werden wie Universalmikroprozessoren. Bild 1 vermittelt einen Eindruck über die Marktentwicklung /2/. Beherrschung der Mikroprozessortechnik bedeutet also auch und vor allem, den Bereich der eingebetteten Rechneranwendungen zu beherrschen.

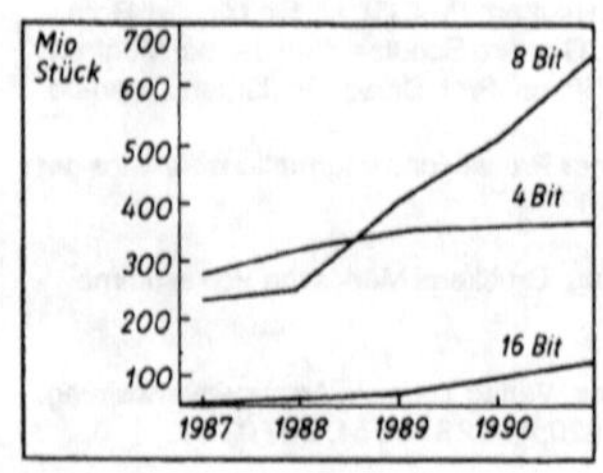

Bild 1 Marktentwicklung bei Mikrocontrollern nach /2/

Im Kombinat „7. Oktober" werden nach eigenen Angaben in Werkzeugmaschinen zur Zeit überwiegend importierte Steuerungen eingesetzt. Damit wird deutlich, daß in der DDR-Volkswirtschaft gerade in diesem entscheidenden Bereich der eingebetteten Rechneranwendungen akuter Nachholebedarf besteht. Auch der Stellenwert der Profillinie „Industrie-PC" ist international offenbar noch nicht ausgestritten. Vor allem in Hinblick auf die zunehmende Nutzung anwendungsspezifischer Schaltkreise (ASICs) erlangen Mikrocontroller überragende Bedeutung. Einseitige strategische Orientierungen mit Überbetonung des Bereiches der Datenverarbeitungstechnik (PCs, Workstations) lassen entscheidende Anwendungsbereiche moderner Mikroelektronik außer acht, die zunehmend für eine moderne Wirtschaft exportentscheidend sind.
Am gesamten Mikrocontrollermarkt hatten Intel-Architekturen 1987 einen Markanteil von 50 %. Auf Grund dieser auch gegenwärtig zu beobachtenden Dominanz sollen im folgenden Intel-Mikrocontroller und -Mikroprozessoren für eingebettete Systeme im Vordergrund stehen. Selbstverständlich bieten aber auch andere Halbleiterhersteller entsprechende Chips an. Intel verfolgt im wesentlichen zwei Architekturkonzepte:

① Ableitung von Spezialarchitekturen aus Universalprozessorlinien (z. B. vom 8086 oder 386) unter Hinzunahme von Peripheriefunktionen mit dem Ziel, einen sehr einfachen Schaltungsaufbau zu unterstützen. Dabei werden Ergänzungsschaltkreise eingespart, allerdings um den Preis geringerer Leistungsfähigkeit gegenüber der Original-CPU. Es besteht Softwarekompatibilität zum Universalprozessor. Dieser Weg läßt sich begrifflich am besten mit dem Terminus Einchipmikrorechner fassen. Einchipmikrorechner sind besonders für eingebettete Computer, die große Datenmengen verarbeiten müssen (z. B. Bildverarbeitung oder Datennetze), geeignet. Manche Firmen entwickeln Einchipmikrorechner auch mit On-chip-Speichern und auf der Basis einer eigenständigen Architektur ohne Bezüge zu Universalprozessoren.

② Entwicklung spezieller Architekturen ohne Bezug zu Universalprozessorarchitekturen und deshalb auch ohne Softwarekompatibilität. Für diesen Weg soll der Begriff Mikrocontroller verwendet werden. Mikrocontroller verfügen häufig über eigene Speicher, vor allem aber über geeignete, z. T. hoch spezialisierte Interfaces zur Ankopplung an Meß- und Steuerperipherie sowie zur Datenkommunikation (serielle und parallele I/O-Kanäle, Analogein- und Analogausgabe).

On-chip-ROMs oder EPROMs werden zum Teil bei 8- und bei 16-Bit-Systemen angeboten. Die Programme bei 16-Bit- und 32-Bit-Systemen können um Größenordnungen unterschiedliche Längen haben, so daß die Integration von Speicher auf dem Chip meist unökonomisch ist. Statt dessen geht man dazu über, Caches (siehe MP 4/90) und große Registerfiles on-chip zu realisieren, um unzureichende Datenübertragungsraten an der Busschnittstelle auszugleichen.
Einchipmikrorechner und Mikrocontroller können nicht immer eindeutig gegeneinander abgegrenzt werden. Auch in der angloamerikanischen Literatur werden die o. g. Termini nicht einheitlich verwendet. So wird der vom 386 abgeleitete 376 durchaus auch als Mikrocontroller bezeichnet. Bei der Begriffswahl dürften aber auch Werbestrategien eine Rolle spielen...

Einchipmikrorechner – Abkömmlinge von Universalprozessoren

Für die 8-Bit-Welt hat Intel keinen Abkömmling eines Universalprozessors bereitgestellt. Vielmehr wurde mit der Familie MCS-48 gleich der Schritt zum Mikrocontroller vollzogen. Einchipmikrorechner bietet Intel im 16- und im 32-Bit-Bereich an.

Vom 16-Bit-Universalprozessor zum hochintegrierten 16-Bit-Mikroprozessor

Der erste 16-Bit-Prozessor von Intel war der 8086 mit etwa 27000 Transistoren. Durch Verdopplung der Transistorzahl gelang es 1982, im 80186 (kurz 186) zusätzlich zur CPU die wichtigsten Komponenten der Rundumelektronik zu integrieren: Taktgenerator, programmierbarer Interruptcontroller, programmierbarer Timer/Counter (3 × 16 Bit), programmierbarer DMA-Controller (2 unabhängige Kanäle) sowie Bus-Interface-einheit und programmierbare Chipauswahllogik für externe Speichereinheiten und Peripherieschaltkreise. Ein programmierbarer Wartezyklengenerator unterstützt die Nutzung langsamer Speicher- und Peripheriebausteine. Der Lokalbuscontroller ermöglicht eine geeignete Externbusschnittstelle für Multibus-Systeme.
Mit dem 186 werden insgesamt 15 bis 20 Einzelschaltkreise funktionell auf einem Chip vereinigt, was eine einfache und billige Leiterplattenrealisierung ermöglicht. Mit der Chipauswahllogik können einzelne Peripherieeinheiten und Speicherblöcke ausgewählt werden. Über programmierbare Konfigurationsregister lassen sich beispielsweise die Speicherbankgröße sowie die Adreßzuordnungen einstellen. Minimalrechnerkonfigurationen kommen mit wenigen Zusatzbausteinen (16-Bit-Adreßlatches und 16-Bit-Datentransceiver) aus. Die Konfigurationsregister für die Controller sind in einem 256 Byte großen Registerblock zusammengefaßt. Bei den Mikrocontrollern MCS-51/96 nennt Intel diese Register einheitlich Spezialfunktionsregister (SFR).
Der 186 ist aus der Sicht des Programmiermodells voll objektcodekompatibel zum 8086. Damit ist der Softwarefundus des 8086 (z. B. aus der Multibus- und aus der IBM-PC-Welt) nutzbar. Einige neue Zusatzbefehle, die später auch im 286 umgesetzt wurden, machen die Programmierung effizienter. Ein entsprechender „Ableger" des 8088, also mit externem 8-Bit-Datenbus bei voller interner 16-Bit-Verarbeitungsbreite, ist der 188.
Den 186 gibt es auch als stromsparende 16-MHz-CMOS-Version 80C186. Die CMOS-Variante des 188 ist der 80C188. Zusätzlich gegenüber den NMOS-Varianten wurde in diesen Schaltkreisen eine DRAM-Refresheinheit integriert (Bild 2). Bemerkenswert sind zwei neue Arbeitsmodi in der CMOS-Variante: ein stromsparender Modus, bei dem durch programmierbare Taktteilung bis herunter auf 500 kHz der Stromverbrauch reduziert wird, und ein spezieller Umgebungstestmodus, der sich in Intel-CMOS-Mikrocontrollern unter der Bezeichnung ONCE eingebürgert hat. ONCE ist von *on circuit emulation* abgeleitet. Durch Hochohmigschalten aller Pins kann der Prozessor von der Hardwareumgebung abgetrennt werden. Der Adapter eines Emulators kann parallel zum Schaltkreis angeklemmt werden, ohne daß der Chip aus der Fassung oder von der Platine entfernt werden muß. Gerade im Gerätebau werden Prüf- und Testverfahren häufig dadurch erschwert, daß die Chips aus Zuverlässigkeitsgründen fest auf der Leiterplatte eingelötet sind. Der ONCE-Modus kommt deshalb der Geräteprüfung in der Fertigung und am Einsatzort besonders entgegen.

Die üblichen Peripherie- und Ergänzungsschaltkreise der 8086-Familie sind auch beim 186/188 verwendbar, zum Beispiel Busarbiter oder Peripheriechips (8251/8255 usw.). Ein Koprozessorinterface (z. B. für die Arithmetik-Koprozessoren 8087 und 80C187) kann mit dem speziellen, integrierten Buscontroller 82188 aufgebaut werden.
Angaben zur Leistungsfähigkeit des 80186 sind in der Literatur nur spärlich enthalten. Die Interruptreaktionszeiten liegen beim 16-MHz-Takt bei einigen 10 μs. Die Verarbeitungsleistung entspricht etwa 50 % der eines 286 (0,5...1 MIPS). Aus Anwendersicht ist für eingebettete Systeme häufig die Kombination eines 80186 mit einem 8-Bit-Mikrocontroller interessant. Der 8-Bit-Mikrocontroller kann beispielsweise „intelligente" I/O-Operationen übernehmen und so den 16-Bit-Prozessor von „langweiliger" und aufwendiger Routinearbeit zugunsten eines höheren Durchsatzes entlasten. An diesem Beispiel wird deutlich, daß Intel keine nicht auch aus Applikationssicht konzeptionell zueinander paßfähigen Prozessor- und Mikrocontrollerlinien entwickelt. Chips unterschiedlicher Verarbeitungsbreiten, Leistungsparameter und Architekturlinien sind miteinander kompensierbar und gestatten für ein breites Aufgabenspektrum den Aufbau von ökonomischer und adäquater Hardware. Besonders wichtig wird die Paßfähigkeitsstrategie im Hinblick auf die Entwicklung anwendungsspezifischer Schaltkreise.

Vom 32-Bit-Universalprozessor zum „Verschnitt" 80376

Zum 286 gibt es keinen entsprechenden „Ableger", wohl aber zum 386 in Form des 80376 (376). Auf einer 130 cm^2 großen Leiterplatte kann mit dieser CPU und dem dazugehörigen Systemperipheriechip 82370 sowie einigen Zusatzschaltkreisen in SMD-Technik ein 32-Bit-Rechner aufgebaut werden, der alle Vorzüge der 32-Bit-Architektur des 386 aufweist, insgesamt aber 30 LSI/VLSI-Schaltkreise ersetzt (32 KByte EPROM, 64 KByte SRAM, 8 DAM-Kanäle, 15 externe Interrupts, 5 16-Bit-Timer, 1 serieller Controller). Ein solcher „eingebetteter Rechner" erzielt bei einer 16-MHz-Taktfrequenz maximal 2,5 bis 3 MIPS. Rechner dieser Leistungsklasse benötigt man zum Beispiel in der Radartechnik, in Da-

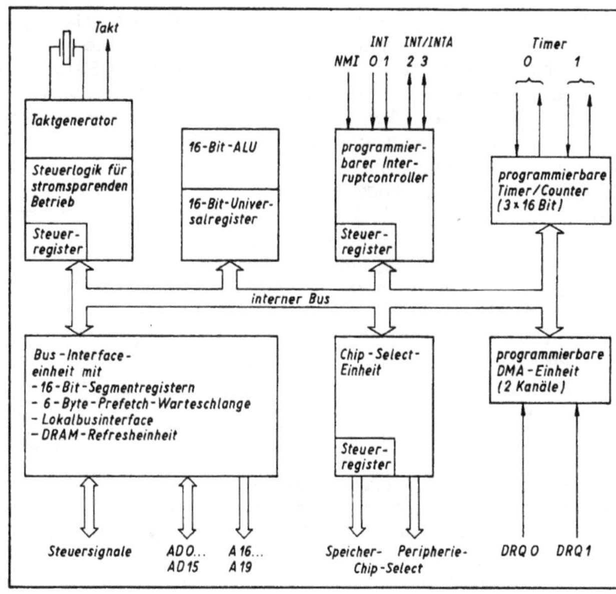

Bild 2 Architektur des 80C186

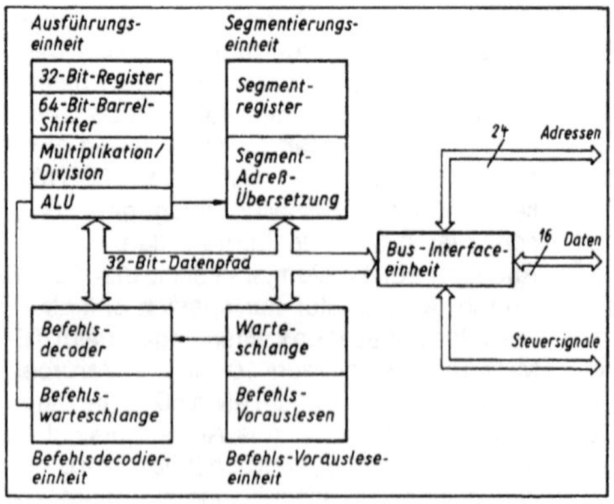

Bild 3
Architektur des 80376

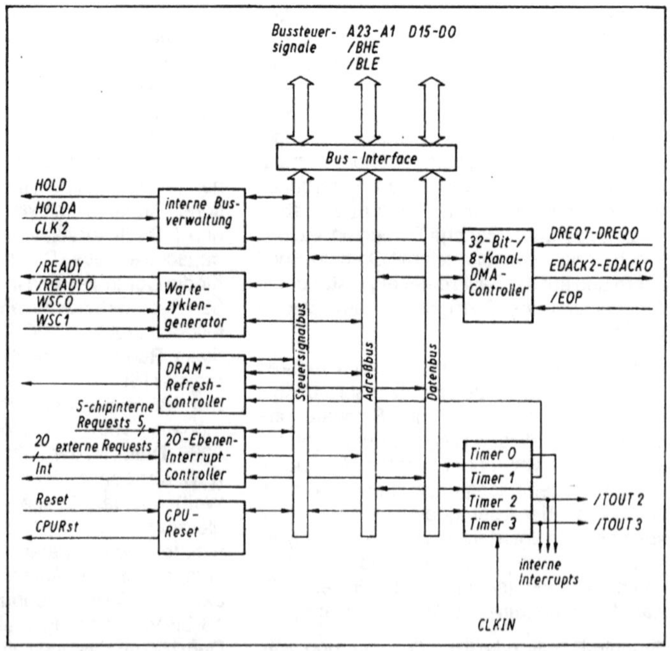

Bild 4
Architektur des 82370

tennetzen (Kommunikationsknotenrechner in Lokalnetzen), in komplexen Robotersteuerungen oder in Laserdruckern für Desktop-Publishing-Systeme. Folgende Architekturunterschiede weist der 376 gegenüber dem 386 auf:

– keine Binärcode-Rückwärtskompatibilität
– Beschränkung auf den *386 protected mode* (Verzicht auf *286 protected mode, real mode* und *virtual 8086 mode)*
– Verzicht auf Seitenverwaltung (paging)
– optimiertes Bus-Interface für 16-Bit-Daten und 24-Bit-Adressen.

Intern ist der 376 wie der 386 voll 32-Bit-organisiert (Bild 3). Eine Prefetcheinheit liest parallel bis zu 16 Byte vom Datenbus. Ein interner Spezialpuffer kann bis zu 3 decodierte Befehle aufnehmen. Damit erreicht der 376 an 16-Bit-Bussen eine höhere Geschwindigkeit als der 386. Die Einschränkung des Adreßraums (16 MByte) ist aus Anwendersicht vertretbar.
Die Auswahl des *protected mode* wurde mit dem Blick auf solche Echtzeitbetriebssysteme wie das iRMK-386 (iRMK-II) getroffen, die Segmentverwaltung und Objektschutz erfordern. Bei Bedarf kann die interne Segmentverwaltung nach erfolgreicher Austestung der Programme abgeschaltet werden.
Das optimierte Businterface des 376 ermöglichte die Reduzierung der Pinzahl. Ein verbessertes Zeitregime unterstützt den Betrieb auch von 100-ns-DRAMs und -EPROMs. Insgesamt erreicht der 376 etwa 70 bis 80 % der Leistungsfähigkeit eines 386 in einem 32-Bit-System.
Als Zusatzschaltkreis gibt es den 82370, einen integrierten Systemperipheriechip (Bild 4). Er enthält die Funktionen DMA-Controller, zum 82C54 kompatible Counter/Interval-Timer, Interruptcontroller, DRAM-Refreshcontroller, programmierbarer Wartezyklengenerator sowie Prozessor-Reset- und Shutdown-Logik für stromsparenden Betrieb. Der 82370 ist eine 16-Bit-Modifikation des 82830. Was beim 80186 also noch in einem Chip untergebracht werden konnte, erfordert nun 2 Chips. Speziell für eigebettete Rechneranwendungen gibt es den 16-K × 16-Bit-EPROM-Speicherschaltkreis 27C203A. Transparente Latches auf der Adreß- und auf der Datenseite verringern den Schaltungsaufwand und gestatten schnelle Datenzugriffe. Die EPROM-Programmierung ist in nur 4 Sekunden möglich und kommt so industriellen Herstellungsprozessen entgegen.
Als numerischer Koprozessor steht der 387SX zur Verfügung. Mit interner 80-Bit-Architektur unterstützt er den Standard IEEE 754 und ist objektcodekompatibel zur 8087-Familie. Der 376 ist nicht zu verwechseln mit dem 386SX, der ein Zuschnitt des 386 für 286er Bussysteme ist und den IBM-ATs die 32-Bit-Leistungsfähigkeit des 386 bei geringerem Preis bringt.

Mikrocontroller
Die 8-Bit-Generationen MCS-48 und MCS-51

Intel hat mit der Familie MCS-48 und später mit der Weiterentwicklung MCS-51 ein ganzes Spektrum von architekturkompatiblen 8-Bit-Mikrocontrollern in unterschiedlichsten Konfigurationen geschaffen (verschiedene Speichergrößen, ROM-/EPROM-Varianten, unterschiedliche I/O-Interfaces), die bis in die Gegenwart den Löwenanteil auf dem Controllermarkt innehaben.

MCS-48

Der 8048 wird in HMOS-II-Technologie hergestellt und enthält 17000 Transistoren. Die 8-Bit-ALU hat 8 8-Bit-Register, die zweifach in den RAM agebildet werden (Tafel 1, Bild 5). Der Stack hat 8 Ebenen. 96 Befehle sind verfügbar, davon 90 % Einbytebefehle. Der Befehlssatz hat etwa die Mächtigkeit der 8080-Architektur (Binär-, BCD-Arithmetik), jedoch ohne die 16-Bit-Befehlsgruppen. Die kürzesten Befehlsausführungszeiten liegen bei 1,36 bzw. 2,72 μs. Eine Reihe von Zusatzfunktionen macht diesen Chip zum Mikrocontroller.

Bild 5 Architektur des 8048

Tafel 1 Konfigurationsvarianten der Familie MCS-48

ROM-Varianten	ROM-loser Typ	EPROM	RAM (Byte)	ROM/EPROM (KByte)
8048AH	8035AHL	8748H	64	1
8049AH	8039AHL	8749H	128	2
8050AH	8040AHL		256	3

Als I/O-Kanäle sind 3 bidirektionale Ports zu je 8 Bit verfügbar. Davon ist eines für ein externes Bussystem nutzbar („8085-BUS-Option"). Mit dem I/O-Expander 8243 kann der I/O-Adreßraum beliebig aufgefächert werden. Auch der Speicher läßt sich über die maximal möglichen 4 KByte ROM und 320 Byte RAM hinaus durch Bankorganisation beliebig erweitern. 2. Biteingänge können vom Programm direkt ausgestattet werden. Als Zusatzfunktionen enthält der 8048 einen voreinstellbaren 8-Bit-Timer/Counter sowie eine Interrupteinheit mit einem Eingang. Der interne Taktgenerator kann im Bereich von 1 bis 11 MHz arbeiten und ist extern synchronisierbar. Damit werden unter anderem die Chiptestung vereinfacht (Synchronisation Tester – Testchip) und der Aufbau von Multimikrocontrollersystemen unterstützt. Der 8048 kann in folgenden Arbeitsmodi betrieben werden: Synchronmodus, Schrittbetrieb, Powerdown und Externbuszugriff. Beim Powerdown-Modus (nur für die ROM-Versionen) bleiben alle RAM-Daten erhalten. Die aufgenommene Leistung kann auf 10 bis 15 % reduziert werden.
Als Zusatzschaltkreis ist unter der 8085-BUS-Option des 8048 die 8080/8085-Peripherie nutzbar. Anwendungen des 8048 sind beispielsweise BCD-/Binärarithmetik, abgesetzte Controller oder Gerätesteuerungen. Einfache digitale Regler (z. B. PID-Regler) sind bei einer 11-MHz-Taktfrequenz mit Abtastraten im ms-Bereich möglich und genügen damit bereits einer Vielzahl praktischer Anforderungen.

UPI-41/42

1977 leitete Intel von der Basisarchitektur des 8048 einen *universal programmable interface slave microcontroller* ab. Dieser Abkömmling ist kompatibel zu den Bussystemen der 8- und 16-Bit-Universalprozessoren, aber auch paßfähig zur Familie MCS-51. Slavemikrocontroller werden zum Beispiel in Schrittmotorsteuerungen von Matrixdruckern oder im IBM PC/AT als intelligenter Controller der Multifunktionstastatur eingesetzt. Gegenüber dem 8048 verfügen diese UPIs unter anderem über einen Chip-Select-Eingang, was die Einbindung als Peripheriebaustein in ein Wirtssystem vereinfacht.

MCS-51

Auch der 8051 wurde zunächst in HMOS-II-Technologie gefertigt, und zwar mit etwa 60000 Transistoren. Inzwischen gibt es aber auch CMOS-Varianten (Tafel 2, Bild 6).

Der 8051 enthält eine 8-Bit-ALU mit einem gegenüber dem 8048 erweiterten Befehlssatz. Hervorzuheben sind besonders die Bitverarbeitungsbefehle (Bit transportieren/setzen/löschen/komplementieren, Bits logisch mit UND bzw. ODER verknüpfen, bitabhängige bedingte Programmverzweigungen). Diese Verarbeitungsmöglichkeiten Boolescher Größen (englisch: boolean processing capability) prädestinieren den 8051 für Gerätesteuerungen. Im Intern-RAM sind 128 Bit einzeln adressierbar, aber auch die Bits aller Spezialfunktionsregister (SFR) zur Steuerung des Datenaustauschs mit der Umgebung kann man einzeln erreichen.

Neu sind 8 × 8-Bit-Multiplikations- und Divisionsbefehle.

Die Adreßräume umfassen je 64 KByte für Daten und Programme. Der 8051 enthält 2 16-Bit-Timer/Counter. 4 bidirektionale I/O-Ports sind universell nutzbar, zum Beispiel im Zusammenwirken mit den Timern für eine einfache Analogausgabe mit Pulsbreitenmodulation oder auch zur Gestaltung eines externen Bussystems. 5 Interruptquellen werden in 2 Privilegierungsebenen ausgewertet. Der Taktgenerator ist wieder on-chip (12 MHz, extern synchronisierbar).

Die Hardwareressourcen sowie die Prozessorarbeitsmodi können über Spezialfunktionsregister (SFR) durch die Software programmiert werden. Die SFR werden in einem Registerfeld adressiert, das je nach Spezialkonfiguration des Prozessors (z. B. unterschiedliche Anzahl von Timern) entsprechend strukturiert ist.

Die meisten Befehle brauchen 12 Takte zu ihrer Abarbeitung, Multiplikation und Division 48 Takte, einige Befehle erfordern 24 Takte. Bitbefehle werden etwa 5- bis 15mal schneller abgearbeitet als entsprechende Befehlsfolgen auf dem 8048. Als Mittelwert lassen sich mehr als 0,5 Millionen Befehle je Sekunde angeben (8-Bit-orientiert). Der 8051 ist damit etwas schneller als der 8048, aus Anwendersicht aber wesentlich breiter und flexibler einsetzbar. Die CMOS-Varianten können in zwei stromsparenden Arbeitsmodi (Anhalten der CPU) betrieben werden. Im Idle-Modus bleiben die Controller aktiv und die RAM-Inhalte gesichert. Bei Power-down werden nur die RAM-Daten gesichert. Bei der CMOS-EPROM-Variante 87C51 gibt es den beim 80C186 bereits vorgestellten ONCE-Modus zur Unterstützung der On-circuit-Emulation.

Als Zusatzschaltkreise sind die 8080/8085-Peripheriecontroller einsetzbar.

Für Speichererweiterungen gibt es Spezial-EPROMs in der Organisation 8 K × 8. Der 87C64 ist zum Anschluß an im Multiplex betriebene Daten- und Adreßbusse ausgelegt. Der 27C64 ist für getrennte Bussysteme für Daten und Adressen vorgesehen. Beide Varianten enthalten bereits Zusatzlogik zur Vereinfachung des Schaltungsaufbaus (Latches und Demultiplexer). Der EPROM 87C257 hat eine 32-K × 8-Organisation. Hervorzuheben sind bei den MCS-51-Varianten mit on-chip-EPROM bzw. -ROM Maßnahmen zum Ausschluß unberechtigten Zugriffs (Softwareschutz). Mit einer 32 Byte langen Codierungsinformation können die ROM/EPROM-Inhalte exklusiv und ODER-verknüpft werden, so daß die Bedeutung der Bytes nur bei Kenntnis der Codierungsinformation sichtbar wird. Außerdem kann man Lesezugriffe auf den Internspeicher unterbinden, die Nachprogrammierung des EPROMs verhindern und (als härteste Stufe des Zugriffsschutzes) die Prüfung des EPROM-/ROM-Inhalts verbieten. Die EPROM-Varianten sind nach dem Intel-Quick-Pulse-Verfahren programmierbar (8 KByte in 25 Sekunden). Dabei wird die Programmierung der EPROM-Zellen beendet, sobald die Information stabil eingetragen ist.

Für externe RAM-Erweiterungen gibt es den iRAM 51C86. Das ist ein DRAM-Schaltkreis mit der Organisation 8 K × 8, der aber über einen internen Refreshcontroller verfügt und deshalb nach außen wie ein statischer RAM nutzbar ist. Intel bezeichnet diese RAMs als pseudostatische RAMs.

Der 8051 wird vor allem für Kommunikationsprobleme eingesetzt, zum Beispiel zur Kommunikation nach CSMA/CD (Ethernet), HDLC oder SDLC mit bis zu 2 MBaud. Weitere Anwendungen sind beispielsweise intelligente Controller in Rechnern (z. B. Tastaturcontroller oder Ansteuerung eines LC-Displays 25 × 80 Zeichen) und die Lösung von Permutationsaufgaben (z. B. Codierungsaufgaben in Bankterminals nach dem im USA-Bankwesen verbindlichen Data Encryption Standard).

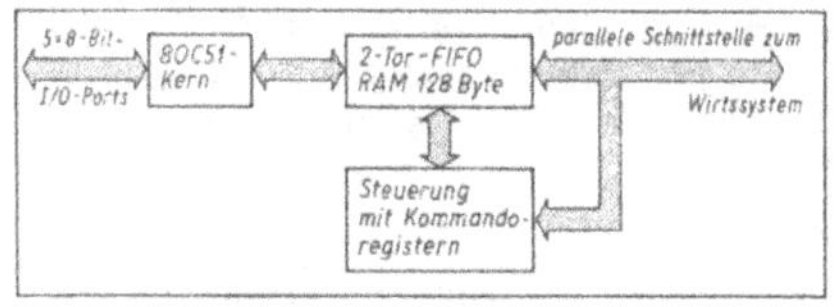

Bild 7 Architektur des UPI-452

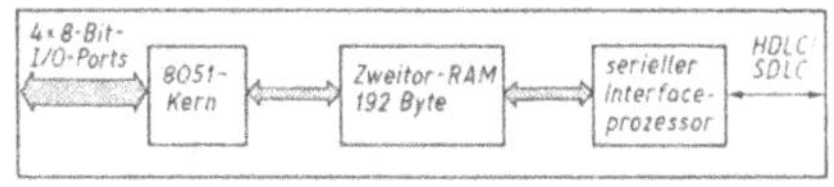

Bild 8 Architektur des RUPI-44

Die Familie MCS-51 kann als Plattform für eine Vielzahl von Spezialcontrollern angesehen werden, die für unterschiedliche Aufgabenstellungen zurechtgeschneidert wurden. Drei Vertreter seien im folgenden kurz vorgestellt.

UPI-452

UPI-452 ist ein universeller, frei programmierbarer Slave-Mikrocontroller in CMOS-Technologie auf der Basis des MCS-51 (Bild 7). Er enthält ein 128 Byte tiefes, bidirektionales FIFO-Slaveinterface. Dieser FIFO ist ein Zweitorspeicher mit der Zugriffsstrategie *first in – first out*. Er dient dem Informationsaustausch des Mikrocontrollers mit der Umwelt. Dieser FIFO-Speicher kann beliebig auf Eingabe- und Ausgabeseite aufgeteilt werden. Der 2-Kanal-DMA-Prozessor gestattet den Transfer von 64-KByte-Blöcken. Mit UPI-452 wird das Problem des Datenaustauschs zwischen schnellen 286er Systemen und langsamerer Peripherie effektiv gelöst.

RUPI-44

Der Name RUPI ist abgleitet von *remote universal programmable interface slave microcontroller*. Das heißt soviel wie universell programmierbarer Interface-Slave-Mikrocontroller für abgesetzte Systeme. Die RUPI-44-Familie (Bild 8) enthält Einchipmikrocontroller auf der Basis des MCS-51, erweitert um einen Controller für ein serielles Hochleistungsinterface für das HDLC/SDLC-Protokoll, das Daten mit 2,4 MBaud bei Fremdtaktung und 375 kBaud bei Interntaktung übertragen kann. Der serielle Teil kann unabhängig vom MCS-51-Kern arbeiten. Interfaceeinheit und MCS-51-Kern kommunizieren über einen internen 192-Byte-Dual-Port-RAM.

RUPI-Prozessoren sind für den Einsatz in Hochgeschwindigkeitsnetzen oder in schnellen verteilten Systemen vorgesehen und erfüllen dort komplexe Steuerungs- und Datenaustauschaufgaben. Ein Anwendungsbei-

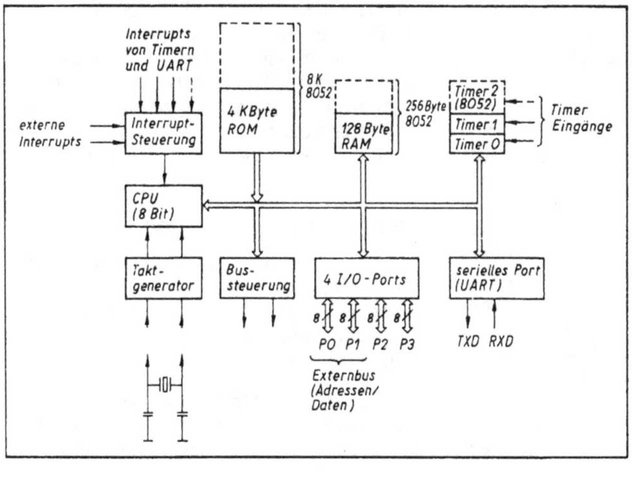

Bild 6 Architektur des 8051

Tafel 2 Konfigurationsvarianten der Familie MCS-51

Typ	ROM-loser Typ	EPROM-Typ	ROM (KByte)	RAM (Byte)	16-Bit-Timer	Technologie
8051	8031	(8751)	4	128	2	HMOS
8051AH	8031AH	8751H	4	128	2	HMOS
8052AH	8032AH	8752BH	8	256	3	HMOS
80C51BH	80C31BH	87C51	4	128	2	CMOS
83C51FA	80C51FA	87C51FA	8	256	4	CMOS
83C152	80C152	87C152	8	256	2	CMOS

spiel sind untereinander vernetzte, intelligente Sensoren in einem räumlich verteilten Meßwerterfassungssystem (Prozeßautomatisierung).

80C152

Als universelle Kommunikationscontroller sind die mit 16,5 MHz getakteten Mikrocontroller 80C152 konfiguriert. Neben dem Kerncontroller MCS-51 enthalten diese Chips unter anderem einen Mulitcontroller-Kommunikationscontroller (SDLC, HDLC, CSMA/CD oder nutzerdefiniertes Protokoll, bis 2,4 MBaud) für Voll- oder Halbduplexbetrieb und einen 2-Kanal-DMA-Controller. Besonders auf kostenempfindliche Anwendungen im Hochgeschwindigkeitskommunikationsbereich einschließlich Lokalnetzanwendungen und serielle Rückverdrahtungsbusse im Gerätebau zielt diese Architektur. Auch von diesen Chips gibt es wieder unterschiedliche Speicherkonfigurationen (RAM/ROM/EPROM).

Zusammenfassung

Intel hat mit der Familie MCS-51 eine universelle Basisarchitektur entwickelt, die für die Mehrzahl der gegenwärtig und künftig zu lösenden Aufgaben ökonomisch einsetzbar ist. Im letzten Abschnitt wird skizziert, wie dieses Architekturkonzept im ASIC-Entwurf umgesetzt wird. Dieser De-facto-Industriestandard dürfte uns deshalb wohl auch in den kommenden Jahren begleiten, denn noch immer gibt es Weiterentwicklungen. Erst 1989 wurde zum Beispiel der 83C51GB vorgestellt, der ein programmierbares Timer-/Counterfeld enthält und für Anwendungen im Automobilbau bestimmt ist (z. B. Zündungssteuerung, Antiblockiersysteme, Sitzverstellung, Klimatisierung, Bordcomputer, Einspritzsteuerung, elektronische Fensterverstellung mit Sicherheitsfunktion usw.) /7/.
MCS-51-Zweitlieferanten sind in Westeuropa zum Beispiel Siemens und Valvo/Philips. Diese Hersteller haben zum Teil auch eigene Modifikationen entwickelt.

Die 16-Bit-Generation

Für Steuerungsanwendungen mit Analogwerteingabe und -ausgabe sowie mit höheren Anforderungen an die Verarbeitungsleistung wurde die 16-Bit-Mikrocontrollerfamilie MCS-96 mit einem Integrationsgrad von 120000 MOS-Gattern (ROM-Version) entwickelt. Neben der NMOS-Variante 8096BH und davon abgeleiteten Konfigurationen (1. Generation) gibt es auch CMOS-Varianten (2. Generation) mit entsprechend verbesserten Leistungsparametern und vervollkommneter Architektur (Bild 9). Ein 256-Byte-RAM enthält unter anderem die bereits aus der 8-Bit-Generation bekannten konfigurationsabhängig belegten Spezialfunktionsregister SFR, Datenrettungszellen sowie ein Universalregisterfile in enger Kopplung mit der 16-Bit-ALU. ROM-/EPROM-Varianten enthalten 8 KByte Speicher auf dem Chip. Ein A/D-Umsetzer (CMOS-Variante: 26 bzw. 49 μs Umsetzzeit bei 10-Bit-Auflösung und 12-MHz-Takt) mit 4- oder 8-Kanal-Multiplexer und analogen Haltegliedern gestattet die Eingabe analoger Signale. Eine spezielle mehrkanalige Hochgeschwindigkeitseinheit zur Eingabe und zur Ausgabe digitaler Signale, verschiedene Multifunktions-I/O-Ports, mehrere Timer mit Captureregistern (das sind Register zur Erfassung von Zählzwischenständen), ein pulsbreitenmodulierter Analogausgang (bei 12-MHz-Takt Signalfequenz 23,6 kHz) sowie zur Funktionsüberwachung ein integrierter Watchdogtimer. Der Adreßraum umfaßt 64 KByte. Die Busschnittstelle kann wahlweise im MCS-51-Modus oder im 16-Bit-Adreß-/Datenmultiplex betrieben werden. 21 Interruptquellen werden auf 8 Interruptebenen gelenkt, davon 1 externer Interrupt. Die CMOS-Variante 80C196KA ermöglicht Multiplikationen von 16 × 16 Bit in 2,33 μs, die Interruptreaktionszeit beträgt 0,33 bis 6,5 μs. Die Befehlsausführungszeiten liegen für die NMOS-Varianten zwischen 1 und 3 μs, für die CMOS-Varianten bei 0,5 bis 1,5 μs.

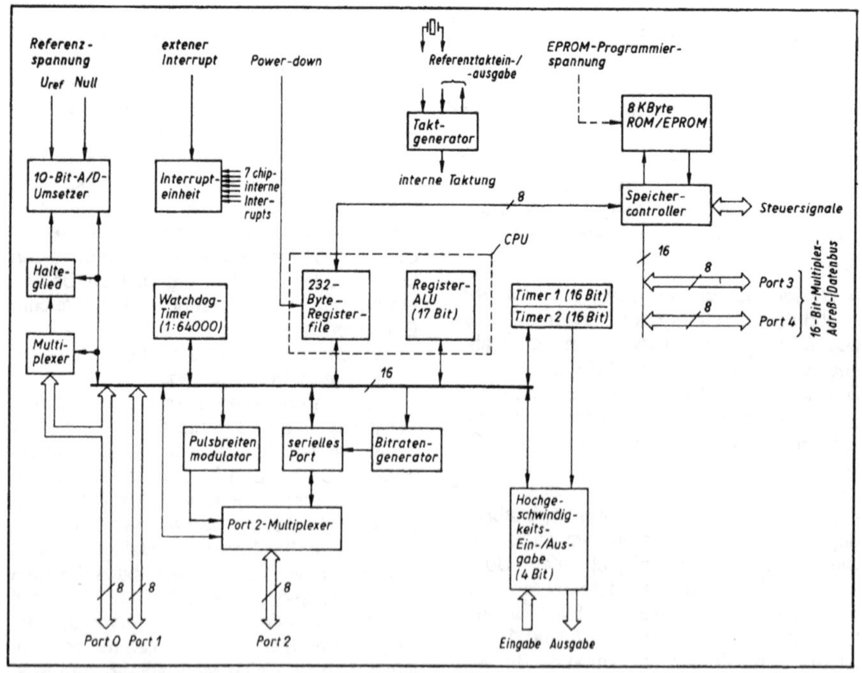

Bild 9 Architektur des 80C196 KA

MCS-96-Chips verfügen (je nach Variante) über einen Eingang und einen Ausgang zur externen Taktsynchronisation. Außerdem ist bei den CMOS-Varianten wieder der ONCE-Modus für die On-circuit-Emulation nutzbar. Die aus dem MCS-51 bekannte ROM-/EPROM-Zugriffssperre blockiert unberechtigte Zugriffe auf ROM-/EPROM-Inhalte.
Zur schnellen EPROM-Programmierung wird der modifizierte Quick-pulse-Algorithmus verwendet. MCS-96-Chips unterstützen 3 Programmiermodi: Selbstprogrammierung, Slaveprogrammierung und Programmierung während des Programmlaufs. Grundsätzlich genügt es, eine entsprechende Spannungs- und Signalbelegung zu aktivieren, um den Programmiervorgang auszulösen. Bis zu 15 Slaves können über ein gemeinsames Bussystem von einem Master aus programmiert werden. Eine Nachprogrammierung während des Laufs wird zum Beispiel beim nachträglichen Einprägen von Parametern benötigt. Beim „Einfahren" von Adaptivreglern kann man zum Beispiel einfache Prozeßidentifikationsalgorithmen (Parameterschätzverfahren) realisieren, die vor Ort die notwendigen Reglereinstellparameter ermitteln und einen fest programmierten Regelungsalgorithmus damit „füttern". Eine solche Inbetriebnahme vor Ort bedeutet höhere Flexibilität in der Anwendung eines Adaptivreglers. Ein interessantes Applikationsbeispiel für diesen Prozessor ist ein Antiblockiersystem für PKWs /10/. Über 4 Geschwindigkeitssensoren werden die Drehzahlen jedes Rades aufgenommen. Zur Dateneingabe werden die Hochgeschwindigkeitseingänge genutzt. Die CPU berechnet daraus die Umdrehungsgeschwindigkeiten und die Bremsverzögerungen. Die Ergebnisparameter werden an die Bremsregler übermittelt, die die Bremskraft jedes Rades steuern. Der gesamte Regelvorgang darf höchstens 5 ms dauern.
Eine andere Anwendung ist die in /9/ vorgestellte Heizungssteuerung für Warmwasserheizung mit Sonnenkollektor. Ein 16-Bit-Mikrocontroller steuert den Verbrennungsprozeß einer Warmwasserheizung entsprechend den Temperaturwerten in Heizungsvorlauf und -rücklauf. Der Anwender kann unter anderem Tagesgänge des Temperatursollwertes programmieren. Außerdem wertet die Steuerung die von einem Sonnenkollektor aufgenommene Energiemenge aus und lenkt den Wasserstrom gegebenenfalls um.
Für die Basisversion 8096 wird in /1/ die Software für eine schnelle Fouriertransformation mit reellen Eingabewerten vorgestellt. Bei einer Verarbeitungsbreite von 16 Bit braucht der komplexe Basis-8-FFT-Algorithmus bei 64 Punkten 12,5 ms (zuzüglich 6,4 ms zur Analogwerterfassung bei einer Abtastfrequenz von 156 Hz) und bei 1024 Punkten 300 ms. Zum Vergleich: Moderne 16- und 32-Bit-Signalprozessoren benötigen bei 64 Punkten Rechenzeiten von einigen 100 μs bis einige ms.

Die 32-Bit-Generation 80960

1988 wurden erste Veröffentlichungen zum 80960 bekannt. Mit diesem Chip eröffnete Intel seine 32-Bit-Mikrocontrollerlinien, für die es gegenwärtig bereits mehrere kompatible Varianten in zwei Generationen gibt.

1. Generation: 80960 K bzw. Mx (x: Konfigurationskennzeichnung), bei 25-MHz-Taktfrequenz bis zu 9 VAX-MIPS/1,2 MFLOPS

- 80960 KA – 32-Bit-Mikrocontroller mit RISC-Kernprozessor und Interruptcontroller
- 80960 KB – wie 80960 KA, zusätzlich On-chip-Gleitkommaeinheit
- 80960 MB – Mikrocontroller für militärische Anwendungen mit hohen Leistungs- und Sicherheitsanforderungen, Unterstützung von Speicherverwaltung und Multitasking sowie Fehlertoleranz

2. Generation: 80960 XA und CA – erweiterte Architektur mit verbesserter Betriebssystemunterstützung und wesentlich gesteigerter Verarbeitungsleistung bis maximal 66 MIPS.
Die 32-Bit-Mikrocontroller folgen einem sehr interessanten und an Details reichen Architekturkonzept, deshalb stellen wir diese Prozessoren in einem separaten Beitrag in MP 6/90 vor.
Die Architekturen von 32-Bit-Mikrocontrollern basieren auf RISC-Gestaltungsprinzipien. Trendeinschätzungen besagen, daß der 32-Bit-RISC-Markt vor allem im Mikrocontrollerbereich mit 300 % jährlich verhältnismäßig schneller wachsen wird als der CISC-Markt, ganz besonders im Bereich der Produktionssteuerung. Für Robotersysteme werden in den kommenden Jahren besonders hohe Zuwachsraten erwartet /15/.
Nach Angaben von LSI-Logic sind ASICs mit 32-Bit-RISC-Makrozellen zu einem Preis von 10 $ je MIPS möglich /3/. CISC-Architekturen kosten rund 100 $ je MIPS.

Entwicklungsunterstützung für den Hard-/Softwareentwurf

Für alle Mikrocontroller gibt es ein adäquates Spektrum an Hard- und Softwareentwurfshilfsmitteln. Dazu zählen:
- leistungsfähige Makroassembler
- Compiler für PL/M (die Haus-Systemprogrammiersprache von Intel) und C
- Echtzeitbetriebssysteme bzw. Betriebssystemkerne
- Programmierumgebung (modulare Programmierung, Bibliotheksverwaltung, Programmpakete – z. B. Gleitkommabibliotheken)
- Hard- und Softwaretestunterstützung (In-circuit-Emulatoren, Echtzeitdebugger)

Die Softwareentwicklung folgt der von den Universalprozessoren her bekannten Technologie (Übersetzen, Binden, Relokalisieren, Bibliotheksverwaltung usw.). Softwaretools sind mit einheitlichen Nutzerinterfaces ausgestattet. Dadurch wird der Umstieg auf eine neue CPU oder einen neuen Mikrocontroller erleichtert.
Der Komplexentwurf und die Verbundtestung von Hardware und Software wird auf der Grundlage von leistungsfähigen Emulatoren (z. B. ICE-51) und Echtzeitdebuggern (z. B. PSCOPE-51) unterstützt. Entwicklungsumgebungen sind auf den traditionellen Intel-Entwicklungssystemen (INTELLEC-III und IV), auf IBM-PCs oder zum Teil auch auf Minirechnern (VAX und MICROVAX) einsetzbar. Die Softwaretools laufen unter verschiedenen Betriebssystemen, zum Beispiel unter RMX-Systemen, unter UNIX, MS-DOS oder VMS. Diese Konsistenz und Kompatibilität der Entwickungshilfsmittel wird auch bei der im folgenden Abschnitt beschriebenen Entwurfsbasis für anwendungsspezifische Schaltkreise bewahrt.

Tafel 3 Elemente der CHMOS-III-Intel-MCS-51-Zellenbibliothek

Typ	Funktion
UCS51nnX	Prozessorkern 8051 (nn × 4 KByte ROM, x = A: 128 Byte RAM, 5 Interruptquellen; x = B: 128 Byte RAM, 10 Interruptquellen; x = C bzw. D: wie A bzw. B, aber 256 Byte RAM)
UCS51BIU	Bus-Interface-Unit zur Anbindung von Anwenderlogik an den Spezialfunktionsregisterblock
UCS51AD	8-Bit-Umsetzer (sukzessive Approximation, Umsetzzeit 20 μs bei 16 MHz)
UCS51T2	16-Bit-Timer/-Counter mit 3 Arbeitsmodi
USC51SIO	serielle E/A-Schnittstelle (vollduplex, 5 Betriebsarten, variable Bitrate, automatische Paritätsgenerierung)
UCS51BRG	programmierbarer Bitratengenerator (50 Hz ... 19,2 kHz)

Mikrocontroller und ASICs

Anwendungsspezifische Schaltkreise (ASICs) können international gegenwärtig mit einem Integrationsgrad von bis zu 10^6 Transistorfunktionen gefertigt werden. Damit ist es möglich, einen Mikroprozessor oder einen Mikrocontroller als Kernprozessor (englisch: core processor) mit der gesamten anwendungsspezifischen Umgebungselektronik auf einem Chip zu integrieren. International wurden Komplexitäten des Kernprozessors bis zur Größenordnung eines 286 bekannt. Der Leiterplattenentwurf wandelt sich zum ASIC-Entwurf.
Bemerkenswert ist die ASIC-Marktstrategie von Intel. Nach einem nicht sehr glücklichen Versuch im Gate-Array-Bereich entschloß man sich, die als Industriestandards bewährten Prozessorlinien einschließlich der Ergänzungsschaltkreise in ASIC-Bibliotheken anzubieten. Damit treten folgende Vermarktungseffekte ein:
- Sicherung des De-facto-Industriestandards bei Prozessorlinien auch für den ASIC-Bereich (Wahrung der Kompatibilität von Hardware und Software auf Rechner-Systemebene)
- schritthaltende Umsetzung bewährter Architekturlinien in Form von neuen technologischen Verfahren.

Tafel 3 vermittelt einen Eindruck vom Angebot an MCS-51-Funktionen in der 1,5-μm-CHMOS-III-Zellenbibliothek von Intel. Die Intel-Entwurfssoftware enthält die Funktionen Schaltplaneingabe, Timingsimulation (Gatterebene), Programmentwicklung, Systemtest, Generierung der Testpattern (für die UCS-51-Zellen gibt Intel die Testvektoren vor) und Entwurfsverifikation. ICE-UCS51 ist ein ASIC-in-circuit-Emulator zur Komplextestung von Hardware und Software in der Zielhardware. Neben den UCS-51-Kernen kann auch die Anwenderlogik emuliert werden.
Die Entwurfssoftware läuft auf Mentor-Grafik-Arbeitsstationen, die Referenzsimulation auf VAX-Rechnern mit Hardwarebeschleunigern. ASICs auf der Basis des UCS-51 können bis zu etwa 10000 Gatter Zusatzlogik enthalten. Für Emulationszwecke gibt es eine spezielle Bondvariante des Prozessorkerns. Die anwendungsspezifische Logik kann mit EPLDs (löschbare programmierbare Logikbauelemente) nachgebildet werden. Noch vor einer Musterpräparation kann man so die Systemeigenschaften an einem in diskreter Technik aufgebauten Modell untersuchen. Zur Programmentwicklung kann der erweiterte Assembler ASM-51, der auch die Testpattern generiert, genutzt werden.

Als nächstes plant Intel, auch 16-Bit-Prozessorkerne dem ASIC-Entwickler zu erschließen. Grundlage ist jeweils das Original-Layout des CMOS-Prozessors.
Auch andere führende Halbleiterhersteller (z. B NEC oder Motorola) bringen in die Zellenbibliotheken der ASIC-Entwurfssysteme bewährte Prozessoren als Kerne ein. Umgekehrt nehmen die Anbieter von ASIC-Entwurfssystemen standardisierte Kernprozessoren mit Ergänzungsschaltkreisen in die Zellenbibliotheken auf. So findet man neben den Mikrocontrollern gegenwärtig selbst Universalprozessoren einschließlich der Unterstützungsschaltkreise (z. B. 8080-Interfaceschaltkreise wie 8251, 8255, 8257 usw.) in den Bibliotheken wieder. Auch die Anbieter moderner RISC-Prozessoren erschließen sich zusätzliche Vermarktungsmöglichkeiten über den ASIC-Bereich (z. B. Motorola 88000, Sun SPARC, MIPS R3000).

Ausblick

Mit Mikrocontrollern und eingebetteten Mikroprozessoren im Gesamtspektrum der gegenwärtig üblichen Verarbeitungsbreiten und Verarbeitungsleistungen wird eine Vielzahl von zum Teil noch nicht erschlossenen Marktsegmenten überdeckt. Der Trend zur Nutzung anwendungsspezifischer Schaltkreise führt dazu, daß bewährte Architekturkonzepte übernommen werden und Kernstück der Zellenbibliotheken werden. Ein Geräteentwurf ohne ASICs ist künftig nicht mehr denkbar. Die Wiederverwendung von bewährten Mikrocontroller- und Mikroprozessorlinien ist ein Gebot der Akzeptanz und der Ökonomie. Halbleiterhersteller sichern die Vermarktung von Architektur-Know-how zusätzlich über die ASIC-Strecke ab, indem sie bewährte Konzepte als Zellen einbringen. Daraus ergibt sich die Forderung an den Schaltkreisentwurf, Architektur und Schnittstellen neuer Prozessor- und Mikrocontrollerfamilien von Anfang an so zu gestalten, daß später eine Übernahme in Zellenbibliotheken problemlos möglich ist.

Literatur

/1/ Intel: Embedded Controller Handbook. Vol. I & II. 1988
/2/ Intel mit guten Karten. Elektronik, München 36 (1987) 21, S. 24
/3/ Scharf, A.: ASICs sichern Know-how. Hard and Soft (1989) 1, S. 77
/4/ Intel: Microprocessor and Peripheral Handbook, Vol. II – Peripheral. 1988
/5/ Förster, J.: Diskrete Fouriertransformation und digitale Signalverarbeitung. Mikroprozessortechnik, Berlin 3 (1989) 8, S. 243
/6/ Kroll, M.: ASIC-Entwicklung auf der Basis des 80C51. elektronik industrie, München 20 (1989) 9, S. 65
/7/ Preiß, E.: 8-Bit-Mikrocontroller mit vielen Möglichkeiten. elektronik industrie, München 20 (1989) 9, S. 98
/8/ Baum, E.: Mehr UARTs für Ihre „51er"! elektronik industrie, München 20 (1989) 2, S. 78
/9/ Bernstein, H.: Heizungsregelung mit 16-Bit-Mikrocontroller. Design & Elektronik, Haar/München 5 (1989) 10, S. 72
/10/ McIntyre, S. M.: Ein 16-Bit-Controller als Turbo für ABS-System. Design & Elektronik, Haar/München 5 (1989) 18, S. 73
/11/ Bodenkamp, J.: „Superscalar-Technologie": Die zweite Generation der 80960-Architektur. Design & Elektronik, Haar/München 5 (1989) 21, S. 6; 22, S. 6; 23, S. 6
/12/ Purkiser, C.; Kardach, J.: The Intel 376 Family for Embedded Processor Applications. IEEE Micro 8 (1988) 3, S. 10
/13/ Bride, P.; Baker, T.: 80960 s RISC-Like Architecture. VLSI System Design (1988) 6, S. 18
/14/ Ryan, D. P.: Intel 's 80960: An Architecture Optimized for Embedded Control. IEEE Micro 8 (1988) 3, S. 63
/15/ New CPUs spearhead Intel attack on embedded computing. Computer Design 27 (1988) April 15, S. 22

Fraktale als Interferenzeffekte

Gabriele Buhren, Berlin

Zeitabhängig komplexe Zahlen in Polarkoordinatenform kombinieren über Betrag und Phase die beiden bekannten Bewegungsarten *geradlinig* und *kreisförmig*. Gleichzeitig werden auf diese Weise ebene Wellen[1] beschrieben, die unter bestimmten Bedingungen miteinander interferieren.

Bezüglich der belebten Materie wird hier die Hypothese geäußert und begründet, daß rückgekoppelte Schwingungen, hervorgerufen durch relativ konstant schwingende Molekülketten, für die Existenz aller Organismen von grundlegender Bedeutung sind.

Springende Spiralen

Bildet man das Quadrat einer komplexen Zahl $Z = r\ \exp(ip)$, wird r quadriert und die Phase $p = -wt$ verdoppelt. Man kann auch sagen, w bleibt unverändert, und t würde verdoppelt, so daß die Funktion z^k dann k Zeitschritten entspricht, in denen der komplexe Zeiger jeweils um w weiterrückt. Für $r = 1$ ist durch Z^k die ungestörte Rotation des Zeigers für k Zeitschritte zu verstehen, ansonsten wird die Zeigerspitze eine steile Spirale nach innen ($r < 1$) oder außen ($r > 1$) ausführen, nach Null oder Unendlich.

Um diese spiralförmige Implosion oder Explosion aufzuhalten und in ein stationäres Verhalten zu bringen, müßte ab und zu additiv in Richtung Einheitskreis eine Gegenkraft wirken. Ein Zentralfeld könnte diese Aufgabe vorzüglich erledigen, soll aber hier nicht betrachtet werden, sondern ein an allen Punkten paralleles Vektorfeld $C = r\exp(ip)$, weil es zur Apfelmännchen-Familie

$$Z = z^k + C, \quad z = Z \qquad (1)$$

führt. Für k gegen Unendlich bildet (1) den Einheitskreis ab (siehe Bilder 2 und 3 für $k = 3$ und $k = 7$; alle Bilder auf der 4. Umschlagseite).

Multipliziert man verschiedene komplexe Zahlen, wird pro Zeitschritt w geändert und r auch ungleichförmig bewegt. Die Addition des Vektors C aber erzeugt im günstigen Fall einen Gegensprung in r und p, das heißt eine Kompensation der durch die Multiplikationen erzeugten Beschleunigungen. Soll in (1) die Gegenkraft häufig wirken, dann addiert man C nach jedem Zeitschritt (= Apfelmännchen); soll sie im Vergleich zur Explosion schwächer sein (mit kleinerer Frequenz), dann erst nach mehreren Potenzen von Z, das heißt mit $k > 2$.

Betrachten wir die Beispielgleichung $Z = z^5 + C$. Beim konkreten Punkt C habe sich folgendes Verhalten herausgebildet:

$$Z1 = z3 \times z3 \times z3 \times z3 \times z3 + C$$
$$Z2 = z1 \times z1 \times z1 \times z1 \times z1 + C$$
$$Z3 = z2 \times z2 \times z2 \times z2 \times z2 + C$$

Nach jeweils vier Zeitschritten (Multiplikationen) wirkt einmal die Gegenkraft C. Wenn sie dreimal gewirkt hat, ist ein ehemaliges Z wieder erreicht. Der Vorgang $Z1 \rightarrow Z2 \rightarrow Z3 \rightarrow Z1$ entspricht einer Schwingung, die sich auch durch

$$Z3 = ((z3^5 + C)^5 + C)^5 + C$$

beschreiben läßt. Dies ähnelt sehr einer Schwebung.

Die Zeigerspirale kann durch ein konkretes C noch schneller auf einen Punkt stürzen oder nach Unendlich springen (Divergenz). Sie kann aber auch in regelmäßige (periodische) oder unregelmäßige (chaotische) Pulsation geraten.

Komplexe Wellendarstellung und Interferenz

Im Wellenmodell stellt sich das Ganze als Interferenz von immer mehr Wellen dar. Es genügt die Eulersche Winkeldarstellung, um alle Punkte des komplexen Fraktals (hier stellvertretend Apfelmännchen) als stabile Schwebungszustände interpretieren zu können. Die „Urwelle" sei

$$C = r\exp(ip) \quad \text{mit}\ p = kx - wt \qquad (2)$$

Man braucht nur die Iterationsfolge analytisch auszumultiplizieren und kommt für die ersten Werte auf

$$Z1 = C \qquad = r\exp(ip)$$
$$Z2 = C + Z1 \times Z1 = r\exp(ip) + r^2\exp(i2p)$$
$$Z3 = C + Z2 \times Z2 = r\exp(ip) + r^2\exp(i2p) + 2r^3\exp(i3p) + r^4\exp(i4p)$$

Bei jeder Multiplikation entstehen neue Harmonische. Die Summanden haben die Form $S(m) = A_m r^m \exp(imp)$. Für Winkel mp, die sich gegenüberliegen oder am Kreis symmetrisch angeordnet sind, lassen sich immer r-Werte finden, die zur vektoriellen Teilsumme Null führen. Diese Frequenzanteile heben sich dann gegenseitig auf, sind gelöscht. So kann es auch vorkommen, daß ein früherer Zustand exakt wieder erreicht wird. Der Vorgang wiederholt sich, das heißt, es erfolgt eine Reduktion von Z(n) auf Z(n – j), und Z durchläuft immer wieder denselben j-Zyklus.

Beispiel:
Summanden 3 und 4 in Z3 für $r = 2$, $p = pi$:
$$-2r^3 + r^4 = 0.$$

Wird durch die Auslöschung kein früherer Zustand erreicht, aber der Bereich des Auslöschen-könnens nie verlassen, liegt stabiles chaotisches Verhalten vor, zum Beispiel auf den dünnen Antennenlinien.

Zum Fraktal gehören nur Punkte, die durch Auslöschung erfolgreich das divergente Explodieren verhindern. Wenn wir auch unter Divergenz das Abtrennen von Molekülen aus einer Gruppe verstehen, dann muß sich diesem Auslöschungsprinzip analog der Aufbau von Makromolekülen unterordnen.

Ketten aus Variablen, Vierpolen und DNS-Basensequenzen

Es sind auch gemischte Ketten von Z-Potenzen denkbar, wie

$$Z = z^3 - z^5 + C \quad \text{(Bild 5)} \qquad (3)$$

oder die Mischung verschiedener C-Ebenen:

$$Z = (z^4 + C1)^3 + C2.$$

Darunter fällt das Konzept der verkoppelten Zwillinge /3/:

$$Z1 = z1^2 + C1\,(z2)$$
$$Z2 = z2^2 + C2\,(z1) \qquad (4)$$

die zwar parallel zueinander iteriert werden, aber über eine Kopplung in Verbindung stehen. Mit den beiden Gleichungen

$$C1 = C \times (1 + a \times z2), \quad C2 = C \times (1 - a \times z1) \qquad (5)$$

beobachten wir eine Metamorphose des Apfelmännchens. Für ein festes a (Evolutionsfaktor) wird jeweils ein Bild erzeugt. Mit wachsendem a schiebt das Apfelmännchen seine Kugeln von sich, die dann zusammenschrumpfen und sich teilend auflösen (s. Bild 6). Am Hauptkörper wächst eine innere Divergenzinsel, wie ein Auge, die wieder nach außen wandert. Unwillkürlich entstehen Assoziationen zum Tierreich. Die fortwährende Teilung der Kugeln erinnert an Zellteilung. Ähnlich behandelt, entwickelt die Gleichung

$$Z = \frac{z + C}{1 + C \times z^k}, \quad k = 3 \qquad (6)$$

aus einem Stern einen kopflosen Schmetterling (Bild 7: a = 0; 0,25; 0,5; 1; 2; 3) oder bildet insektenähnliche Inseln (/5/; Bild 8., a = 0,25).[2]

Zunächst möchte ich feststellen, daß den Computerfraktalen und den natürlich entwickelten Fraktalen derselbe Entstehungsmechanismus zugrunde liegt: Interferenz. So läßt sich vermuten, daß die morphologischen Eigenschaften des biogenetischen Materials auch von schwingenden Ketten bestimmt werden (Makromoleküle). Diese hatten im Urzustand einen symmetrischen Aufbau, waren kleine thermische Mikroschwinger. Durch Mutationen konnte eine Resonanz mit der Umwelt verlängert werden, die auch einen Umbau in Nachbarmolekülen provozierte (frequenzabhängige Abtrennung schwacher Bindungen). Schon hier ist „Vermehrung" (auch Kreuzung) durch Schwingungseffekte anzutreffen. Als Nächstes „überlebten" Molekülgruppen, in deren Interferenz-Knotenflächen sich anorganische Abschirmhüllen anlagern konnten. Später wurden daraus die ersten Zellen und unsere ganze organische Welt.

Ich möchte betonen, daß hier nicht primär die chemischen Schwingungen, wie etwa die DNS-Reproduktion oder Transportgrößen im Sinne der Synergetik, gemeint sind, sondern sehr hohe Eigenfrequenzen, die sich aus der räumlichen Molekülstruktur ergeben. Die Erbinformation ist zwar in chemischer Form kodiert, aber erst die Schwingungsprofile bilden den zweiten, den dynamischen Teil der Information, der sich über die stoffliche Synthese entfaltet und auch diese steuernd (physikalisch) beeinflußt. Denkbar wäre zum Beispiel folgender Vorgang: Ist ein Enzym ausreichend in der Zelle vorhanden, wird über eine intensive Schwingungskopplung auch sein erzeugendes Gen zu Eigenschwingungen angeregt, wodurch die weitere Enzymsynthese gestoppt wird.

Auch ein konstanter Fehler in der Iterationsgleichung muß einer Mutation entsprechen. Bild 4 zeigt eine Mutation von $Z = z^3 + C$, wobei beim Ausmultiplizieren ein Fehler gemacht wurde. Ein innerer Faktor y war aus der Kette

---

[1] Es liegt nahe, verallgemeinerte komplexe Zahlen auch als neue Bewegungs- und Wellenarten zu interpretieren (s. /1/, /2/).

[2] Gleichung (6) ist ein komplexer Faktorregler aus /4/. Diese Regler sind auch als verallgemeinerte Vierpolgleichungen zu verstehen: Eine Kette identischer längssymmetrischer Vierpole transformiert von Glied zu Glied die Ausgangs- und Eingangswiderstände wie z zu Z mit $Z = \frac{R}{W}$, $C = \tanh(g)$, R = komplexer Widerstand, W = Wellenwiderstand, g = Übertragungsmaß
$$Z = \frac{z + C}{1 + z \times C},$$
das heißt für die Potenz $k = 1$, während in (6) $k = 3$ vorliegt.

```
REM  Programm Schmetterling (groesse=10)
DEFINT i,j: DEFDBL a-h,k-z: DIM  r(31),g(31),b(31)
INPUT " Bildgroesse (10,1) : ",groesse  :REM 10 =300*180, 1 =30*30
INPUT "  ab Zeile  (1..180) : ",iy: iy=iy-1  :REM fuer Fortsetzung
 bry=1: brx=bry: vsx=0: vsy=3.95: norm=20: teiler=1  :REM Bilddaten
 param=.25: ianzmax=200: maxabs=100000!: genau=200  :REM Bilddaten
 ispalten=groesse*30: iye=ispalten: IF iye>180 THEN iye=180
 IF groesse>6 THEN brx=brx*ispalten/iye        :REM Bild rechteckig
 swx=brx/ispalten:swy=bry/iye:panf=-brx/2-swx+vsx:REM panf=Abszisse
 tanf=bry/2+swy+vsy-iy*swy: genau=(swx+swy)/genau:REM tanf=Ordinate
SCREEN 1,320,200,5,1: pastr$=STR$(param#)
WINDOW 2,pastr$,(0,0)-(310,180),16,1
    f5=29/31: br=6: y1=0: y2=br: s=1/16: r(1)=1: g(1)=-s
    r(18)=0: g(18)=1: b(18)=0: PALETTE 0,0,0,0: PALETTE 1,1,1,1
   FOR ic=2 TO 31                             :REM Farbkeil1 senkrecht
    IF ic<18 THEN r(ic)=r(ic-1)-s: g(ic)=g(ic-1)+s: b(ic)=0
    IF ic>18 THEN g(ic)=g(ic-1)-s: b(ic)=b(ic-1)+s: r(ic)=0
    PALETTE ic,r(ic),g(ic),b(ic)
    COLOR ic : LINE(302,y1)-(311,y2),,Bf: y1=y1+br: y2=y2+br
   NEXT:                               PALETTE 18,.6,1,.6
   r(0)=0:g(0)=0:b(0)=0:g(1)=1:b(1)=1:r(18)=.6:g(18)=1:b(18)=.6
WHILE  iy < iye
          iy=iy+1: tanf=tanf-swy: ix=0: panf=-brx/2-swx+vsx: ky$="a"
 punkt:   ix=ix+1: panf=panf+swx: ianz=0: ianzf=0: iL=0
          x=0: y=0: p=x: t=y                        :REM Anfangswerte
 iterat: ianzf=ianzf+1: ky$=INKEY$: IF ky$="s" THEN GOTO endl
      ianz=ianz+1: IF ianz > ianzmax THEN grl!=15: GOTO abbruch
      xalt=x: yalt=y: palt=p: talt=t
                                          :REM "a"=param, C=a+ib
        a=panf*(1+param*p): b=tanf*(1-param*t)       :REM Zwilling 1
      qx=x*x-y*y: qy=2*x*y: q3x=qx*x-qy*y: q3y=qx*y+qy*x
      u=x+a: v=y+b: d=a*q3x-b*q3y+1: e=a*q3y+b*q3x: fsb=d*d+e*e
    - IF fsb < 1E-10  THEN   GOTO codel
      xrett=(u*d+v*e)/fsb: yrett=(v*d-u*e)/fsb
        a=panf*(1+param*x): b=tanf*(1-param*y): x=p: y=t    :REM Zw.2
      qx=x*x-y*y: qy=2*x*y: q3x=qx*x-qy*y: q3y=qx*y+qy*x
      u=x+a: v=y+b: d=a*q3x-b*q3y+1: e=a*q3y+b*q3x: fsb=d*d+e*e
      IF fsb < 1E-10  THEN GOTO codel
      p=(u*d+v*e)/fsb:t=(v*d-u*e)/fsb: x=xrett:y=yrett :REM EndeGlg.

   IF ABS(x)+ABS(y)+ABS(p)+ABS(t)>maxabs THEN GOTO codel
   IF ianzf<50 THEN
        dd=ABS(xalt-x)+ABS(yalt-y)+ABS(palt-p)+ABS(talt-t)
        IF dd>genau THEN GOTO iterat
        GOTO code2                                :REM evtl. grl!=0
     ELSE
        IF iL>0 AND iL<16  THEN
           iL=iL+1: dd=ABS(xxl-x)+ABS(yyl-y)+ABS(ppl-p)+ABS(ttl-t)
           IF dd>genau THEN GOTO iterat
         ELSE
           xxl=x: yyl=y: ppl=p: ttl=t: iL=1: GOTO iterat
        END IF
        grl!=iL: IF iL=2 THEN ianzf=1: GOTO iterat
        GOTO code2              :REM evtl.GOTO abbruch od. GOTO codel
   END IF
     codel:  grl!=31: GOTO abbruch         :REM evtl. grl!=ianz/teiler
     code2:  grl!=(ABS(x)+ABS(y)+ABS(p)+ABS(t))*norm
             IF grl!>30 THEN grl!=30
             IF grl!<2  THEN grl!=2
     abbruch:
      ic=INT(grl!): PALETTE ic,r(ic),g(ic),b(ic)
      COLOR ic: LINE(ix,iy)-(ix,iy),,Bf
      IF ix < ispalten THEN GOTO punkt
WEND
endl:  ky$="a": WHILE ky$<>"e" : ky$=INKEY$: WEND
ende:  WINDOW CLOSE 2: SCREEN CLOSE 1
END
```

$$X = xxx - xyy - xyy - xyy + Cx$$
$$Y = -yyy + xxy + xxy + xxy + Cy$$

verlorengegangen. Man sieht noch die Verwandtschaft mit Bild 1, aber die „Fühler" und „Krallen" sind schon tierischer geworden (vgl. mit /5/). Daraus ist zu folgern, daß die komplexe Wellendarstellung nur den harmonischen Spezialfall beschreibt (kugelige Knospen), während im allgemeinen die Iterationen ein unharmonisches Wellenprofil erzeugen. Erst die Zyklus-Welle als nun übergeordneter, stabiler Schwebungszustand paßt wieder zu unserem bescheidenen Wissen über Wellen und Bewegungen (s. Bild 12: Überlagerung dreier Wellen pro Zeile). In diesem Sinne muß der Begriff Interferenz weiter gefaßt werden: Überlagerung von nichtlinearen (rückgekoppelten) Prozessen, die im stabilen Falle Wellen bilden.

Falls alle Bio-Hierarchien, zum Beispiel die Zellen, solche „Cladnischen Klangfiguren" darstellen, sollten die Biophysiker versuchen, die Übereinstimmung von Wellenlängen und Strukturgrößen nachzuweisen, beispielsweise in Kombination mit Ultraschallholografie. Möglicherweise sind jedoch elektromagnetische (kein Ladungsgleichgewicht!) oder noch unbekannte Wellen die Entscheidenden.

Das einem Embryo ähnelnde Bild 11 entstammt der Gleichung

$$Z = \frac{z + \frac{C}{z}}{1 + C \times z^3}$$

Abgebildet wird wie immer die C-Ebene mit $z_0 = C$. Die Ring- und Ringelstruktur liegt im Divergenzbereich und betrifft den Abbruch bei großen Z-Werten (15) statt bei kleinen (1 – 10).

Wer sich über erste Grundbegriffe der Chaostheorie informieren will, dem sei /6/ empfohlen. Die Motive in den Bildern 10 und 12 wurden nach der in /1/ beschriebenen Gleichung berechnet, wobei Bild 9 dem Bild 3 aus /1/ mit Ansatz (2) entspricht und Bild 10 mit Ansatz (3) ein Detail der Größe 2 – 3 darstellt.

Für alle Bilder (außer 11) wurde ein Amiga 500 benutzt (32 Farben). Das Listing zeigt eine Minimalvariante des AC-Basic-Programms, hier für Bild 8 (180 Zeilen). Für eine Bildzeile von 300 Punkten werden zirka 9 Minuten benötigt (compiliert). Das Programm entspricht dem in /1/ erläuterten Pascal-Programm, wobei die externe Speicherung im IFF-Format mit Standardprogrammen wie *grabbit* erfolgen muß.

Literatur

/1/ Buhren, G.: Fraktale aus Polynomen. Mikroprozessortechnik, Berlin 2 (1988) 9, S. 260

/2/ Peschel, M.; Buhren, G.: In die Tiefen der Fraktale. spectrum, Berlin 20 (1989) 7/8, S. 32

/3/ Peschel, M.: Morphologische Erscheinungen am Apfelmännchen. spectrum, Berlin 21 (1990) 4

/4/ Peschel, M.: Chaos im Organismus. spectrum, Berlin 20 (1989) 5, S. 18

/5/ Buhren, G.: Fraktale Geometrie – ein Hintergrund des Biologischen? Bild und Ton, Leipzig 43 (1990) 3, S. 80

/6/ Leven, R. W.; Koch, B.; Pompe, B.: Chaos in dissipativen Systemen. WTB-Reihe Mathematik/Physik, Berlin: Akademie-Verlag 1989

Eltern-Kind-Prozesse unter MS-DOS

Wolfgang Thiel, Wismar

Es ist zweckmäßig, oft benutzte Teile von Programmen resident (ständig aktiv) im Hauptspeicher zu belassen. Im vorliegenden Beispiel werden an Hand von C-Komponenten in Verbindung mit Fortran und Pascal Mechanismen des Aufrufes sowie der Parametervermittlung dargelegt.

Das Problem

Die Nutzung von Basiskomponenten ist eine Möglichkeit zur Erhöhung der Effektivität der Softwareentwicklung. Bei größeren Programmsystemen ist es aber unzweckmäßig, diese Komponenten physisch in jedes Teilprogramm einzubinden. Zeitlich wesentlich effizienter ist es, allgemeingültige Module speicherresident zu entwickeln. Das Betriebssystem MS-DOS bietet durch die Methoden der Speicherorganisation (Segmentierung) und die Möglichkeit der Programmverkettung in Form der Eltern-Kind-Prozeßverwaltung dafür eine günstige Ausgangsbasis.

Man darf aber nicht vergessen, daß MS-DOS kein Multitask-/Timesharing-Betriebssystem ist. Es existiert für MS-DOS nur ein Prozeß, der die alleinige Regie hat. Es müssen somit sowohl für die wechselseitige Kommunikation zwischen Eltern- und Kind-Prozeß als auch für die Prozeßumschaltung eigene Lösungen gefunden werden. Im folgenden wird eine solche Lösung dargestellt:

① Der Elternprozeß wird in Turbo-C (Speichermodell *small*) erzeugt. Theoretisch wäre auch eine andere Sprache wie Pascal oder Assembler denkbar. Der Elternprozeß enthält neben einem Organisationsrahmen (u. a. den Aufruf des Kindprozesses) die durch den Kindprozeß zu nutzenden Module.

② Die Kindprozesse können in einer beliebigen Sprache entwickelt werden. Im Beispiel (Bilder 1 bis 5) werden Lösungen für C, Turbo-Pascal (Version 5.0) und Fortran 77 vorgestellt.

③ Die Prozeßumschaltung erfolgt durch einen Softwareinterrupt aus dem aktuellen Kindprozeß heraus.

④ Die Übergabe von Parametern erfolgt zweckmäßigerweise über Register beim Interrupt. Im Beispiel wurde ein Zeiger auf eine Parameterstruktur gewählt. Denkbar sind

```
#include <process.h>
#include <dos.h>
#include <stdio.h>
#include <bios.h>
/*----------------------------------------------------------*/
/* Variablen, die fuer die Steuerung benoetigt werden       */
/*----------------------------------------------------------*/
int  far *spmz;                 /* Zeiger -> Merkzelle SP   */
int  far *ssmz;                 /* Zeiger -> Merkzelle SS   */
extern int far _spawn();        /* Funktion SPAWN           */
/*----------------------------------------------------------*/
/* Beispiel einer Interruptroutine, die physisch im Elternpro-*/
/* zess liegt und aus dem Kindprozess durch INT gerufen wird. */
/*----------------------------------------------------------*/
  static int mss,msp,mpsp;      /* Merkzellen fuer SS:SP,PSP */
  static unsigned far *preg;    /* Zeiger fuer Registerstack */
  union REGS dos;               /* Register fuer DOS-Ruf     */
  char puffer[256];             /* Zeichenkettenpuffer       */
/*----------------------------------------------------------*/
/* Beispiel einer Uebergabestruktur mit Varianten           */
/*----------------------------------------------------------*/
  struct kern {                 /* Parameteruebergabe        */
                                /* USER <> System            */
      int  call_kode;           /* Rufkode                   */
      union  variante {
        char far *text;         /* -> Ruf 0 Zeichenkette     */
        int  zahl;              /* -> Ruf 1 Zahl als Wert    */
        struct{                 /* -> Ruf 2 Fortran Zeichenkette*/
          char far *text;       /* Inhaltzeiger              */
          unsigned int l;       /* Laenge                    */
        } far *fzk;
        int far *zp;            /* -> Ruf 3 Zeiger auf Zahl  */
      } r;
  } far *user;                  /* wird auf Kind gestellt    */
/*----------------------------------------------------------*/
/* Kopieren/Konvertieren von Zeichenketten mit far-Zeigern  */
/*        far_copy - allgemein ,  for_zk - Fortran          */
/*----------------------------------------------------------*/
  void far_copy(char far *ziel,char far *quelle)
  {
   while (*ziel++ = *quelle++);
  }

  void for_zk(char far *ziel,char far *quelle,unsigned int l)
  {
   while (l--) (*ziel++ = *quelle++);
   *ziel=0;
  }
void interrupt test(unsigned rbp,unsigned rdi,unsigned rsi,
                    unsigned rds,unsigned res,unsigned rdx,
                    unsigned rcx,unsigned rbx,unsigned rax)
{
  preg=&rbp;                    /* Registerzeiger stellen    */
  mss=_SS;    msp=_SP;          /* SS:SP Kind retten         */
  _DX=*ssmz;_CX=*spmz;          /* SS:SP auf Eltern stellen  */
  _SS=_DX; _SP=_CX; _BP=_CX;    /* BP standardgemaessig = SP */
                                /* Parametervektor stellen   */
  user =MK_FP(*(preg+5),*(preg+6));
                                /* Umschaltung PSP           */
  dos.h.ah=81;                  /* PSP der Kind retten       */
  intdos(&dos,&dos); mpsp=dos.x.bx;
  dos.h.ah=80;                  /* PSP der Eltern einstellen */
  dos.x.bx=_psp; intdos(&dos,&dos);
/*---------------- Anwerderprogramme ------------------------*/
/*        SS:SP , BP , PSP stehen auf Elternprozess          */
/*           Verzweiger zu den Anwenderprogrammen            */
/*         oder wie im Beispiel ein kleines Programm         */
/*-----------------------------------------------------------*/
   switch ( user->call_kode ) {
   case  0 :
         far_copy(puffer,user->r.text);
         printf("%20s\n",puffer);
         break;
   case  1 :
         printf("%8d\n",user->r.zahl);
         break;
   case  2 :
         for_zk(puffer,user->r.fzk->text,user->r.fzk->l);
         printf("%20s\n",puffer);
         break;
   case  3 :
         printf("%8d\n",*user->r.zp);
         break;
   }
/*-----------------------------------------------------------*/
/*      Endebehandlung -> Herstellen der Kind-Umgebung       */
/*-----------------------------------------------------------*/
  dos.h.ah=80;                   /* PSP Kind einstellen      */
  dos.x.bx=mpsp; intdos(&dos,&dos);

  _DX=mss;  _CX=msp;             /* SS:SP Kind einstellen    */
  _SS=_DX;  _SP=_CX;
}
/*---------------- Ende Interruptroutine -------------------*/

/*-----------------------------------------------------------*/
/*             Laden des Interruptvektors                    */
/*-----------------------------------------------------------*/
void install(void interrupt(*func)(),int nr)
{
  setvect(nr,func);
}
/*-----------------------------------------------------------*/
/* Einrichten eines Zeigers auf die Merkzellen des Eltern-   */
/* prozesses, in denen SPAWN SS:SP rettet.                   */
/*-----------------------------------------------------------*/
void set_stack_zellen(f)
  int far *f;
{
  spmz=(f-2);                    /* Adresse SPAWN - 4        */
  ssmz=(f-1);                    /*    "      "   - 2        */
}
static  char *C_KIND="CKIND.EXE";
static  char *P_KIND="PKIND.EXE";
static  char *F_KIND="FKIND.EXE";
main()
{
  printf("Elternprocess Start\n");
  set_stack_zellen(_spawn);  /* Zeiger auf Merkzelle stellen */
  install(test,240);         /* Einrichten Interrupt         */
  spawnl(P_WAIT,C_KIND,"");  /* Ruf C-Kind-Prozess           */
  spawnl(P_WAIT,P_KIND,"");  /* Ruf P-Kind-Prozess           */
  spawnl(P_WAIT,F_KIND,"");  /* Ruf F-Kind-Prozess           */
  printf("Elternprocess Ende\n");
}
```

Bild 1 Beispiel Elternprozeß

auch Varianten unter Verwendung globaler Datenbereiche oder auch RAM-Disks bzw. Festplatten.

Das vorgeschlagene Konzept ist kaskadierbar nach dem Prinzip Eltern-Kind-Enkel-....

Damit ist eine Aufteilung der Module in mehrere Teilprogramme, die verkettet aufgerufen werden müssen, möglich. Dabei sollten alle Prozesse, die Interruptroutinen enthalten, nach einem einheitlichen Konzept in C erzeugt werden. Jedem derartigen Prozeß ist mindestens ein Interrupt zuzuordnen. Selbstverständlich kann auch der Kommandoprozessor COMMAND.COM Bestandteil einer derartigen Kette sein.

Für die Entwicklung unter MS-DOS sind folgende Probleme bei der Prozeßumschaltung zu lösen:
– Retten der aktuellen Kindumgebung
– Herstellen der Elternumgebung
– Regenerieren der Kindumgebung.

```
#include <dos.H>
#include <process.H>
#include <bios.H>
#include <stdio.H>
/*----------------------------------------------------------*/
/*       Parameterblock zum Ruf der Elternfunktionen        */
/* - - - - - - - - - - - - - - - - - - - - - - - - - - - - -*/
 struct kern {                 /* Parameterblock            */
     int  call_kode;           /* Rufkode                   */
     union  variante {
         char far *text;       /* --> Ruf 0                 */
         int  zahl;            /* --> Ruf 1 Zahl Wert       */
       } r;
  } auser;
 struct kern far *user=&auser;
 struct REGPACK regis,*preg=&regis;
/*----------------------------------------------------------*/

main()                         /* Beispielprogramm          */
{
printf("Start C-KIND\n");      /* Startmeldung              */
regis.r_dx=FP_SEG(user);       /* Parameteradresse          */
regis.r_cx=FP_OFF(user);       /* stellen                   */

user->call_kode=0;             /* Zeichenkettenueberg.      */
user->r.text="´C´-Kind";       /* zum Elternprozess         */
intr(240,preg);                /* Ruf Elternroutine         */

user->call_kode=1;             /* Zahlenuebergabe           */
user->r.zahl=1234;
intr(240,preg);

printf("Ende  C-KIND\n");      /* Endemeldung               */
}
```

◀ *Bild 2 Beispiel C-Kind*

```
uses dos;
{-----------------------------------------------------------}
{         Parameterblock zum Ruf der Elternfunktionen       }
{-----------------------------------------------------------}
type
  kern = record                        { Variante call_kode  }
    case call_kode:integer of
      0  : (text : ^char);             { Zeiger auf Text     }
      1  : (zahl : integer);           { Zahl als Wert       }
  end;
{-----------------------------------------------------------}
var user : kern      ;
    reg  : registers ;                 { siehe unit dos      }
    st   : string[20];

begin
  writeln('Start PASCAL-Kind');        { Startmeldung        }
  reg.dx:=seg(user);                   { Zeiger auf Parameter- }
  reg.cx:=ofs(user);                   { block               }

  user.call_kode:=0;                   { Zeichenkettenausgabe }
  st := 'PASCAL-Kind'+^@;              { Beachte \0 fuer C   }
  user.text:=addr(st[1]);
  intr(240,reg);                       { INT-Ruf             }

  user.call_kode:=1;                   { Zahlenausgabe       }
  user.zahl:=1234;
  intr(240,reg);

  writeln('Ende PASCAL-Kind');         { Endemeldung         }
end.
```

Bild 3 Beispiel Pascal-Kind

```
c  ------------------------------------------
c  !           Fortran 77-Kindprozess        !
c  ------------------------------------------
   program FKIND
   print 10
10 format(' Start Fortran 77-Kind '/)
   call elter2('Fortran 77 - Kind')
   call elter3(1234)
   print 11
11 format(' Ende Fortran 77-Kind '/)
   end
```

Bild 4 Beispiel Fortran-Kindprozeß

```
;***********************************************
;  ASM-Schittstellenprogramm fuer Fortran
;***********************************************
        name    FORASM
RUF     macro   name,CALL_KODE,Parameter
        public  name
name:   push    ax
        mov     ax,Parameter * 200h + CALL_KODE
        jmp     RUF1
        endm
code    segment
        assume  cs:code,ds:nothing,es:nothing,
                ss:nothing

fsys    proc    far
;Liste alles Eintrittspunkte
        RUF     elter2,2,1          ;Zeichenkette
        RUF     elter3,3,1          ;Zahl

RUF1:   push    bx
        push    cx
        push    dx
        push    di
        push    si
        push    bp
        push    es
        push    ds                  ;Register retten
        xor     ch,ch
        mov     cl,ah               ;cx=anz Parameter
        push    ss                  ;SS:DI -> Parameter
        pop     ds                  ;in DS:SI umladen
        mov     si,di               ;= Parameter * 4
        add     si,4                ;Aufsatz ab Byte 4
        push    cs                  ;Ziel ES:DI
        pop     es
        mov     di,offset user+2 ;Zeigerposition
        xor     ah,ah
        mov     es:word ptr [di-2],ax
                                    ;CALL-Kode
rep     movsw                       ;laden user
        mov     cx,offset user      ;INT vorbereiten
        mov     dx,seg user
        int     240                 ;Eltern rufen
        pop     ds
        pop     es
        pop     bp
        pop     si
        pop     di
        pop     dx
        pop     cx
        pop     bx
        pop     ax                  ;Register laden
        ret                         ;retf
user    dw      12 dup(0)           ;CALL-Kode + 5 Zeiger

fsys    endp
code    ends
        end
```

Bild 5 Assemblerunterprogramm für Fortran

Turbo-C gestattet durch den Modifizierer INTERRUPT die Deklaration von Interruptroutinen. Eine genaue Untersuchung der verfügbaren Turbo-C-Version im Speichermodell *small* zeigte jedoch, daß diese Lösung nicht allgemeingültig ist. Die Nutzung anderer Speichermodelle ergab ebenfalls keine verwendbare Variante.

– Die Register SS:SP werden nicht umgeschaltet. Dynamische Speicherbereiche werden aber sowohl über SS:BP als auch über DS:xx adressiert. Das ist nur korrekt, wenn SS und DS den gleichen Inhalt haben.

– Der Programmsegmentpräfix (PSP) wird nicht aktualisiert.

– Einige Funktionen, zum Beispiel PRINTF, arbeiten trotz expliziter Nutzung von FAR-Zeigern intern mit NEAR-Zeigern. Es wird praktisch das eigene Datensegment angenommen und der Segmentteil des FAR-Zeigers ignoriert.

Da die integrierte Turbo-C-Umgebung keine Assembleranweisungen unterstützt, sind diese zu vermeiden. Das ist insofern kein Problem, da der Zugriff auf die Prozessorregister unter Beachtung einiger Restriktionen symbolisch in C erfolgen kann. Abhängigkeiten von Betriebssystem und Hardware sind zu konzentrieren, um eine Portierbarkeit mit geringem Aufwand sichern zu können (z. B. 80286 als Prozessor).

Die Beispiellösung

Das Prinzip soll an einem konkreten Beispiel erläutert werden. Es wird daher von nur einem Elternprozeß ausgegangen, der nacheinander drei Kinderprozesse aufruft, die inhaltlich ähnlich sind, aber in C, Turbo-Pascal und Fortran 77 geschrieben wurden.

Parameterübergabe

Im Prinzip ist es möglich, eine begrenzte Zahl von Parametern direkt über die Prozessorregister zu übergeben. Wesentlich allgemeiner ist jedoch die vorgeschlagene Lösung in Form einer speziellen Datenstruktur. Die Verwendung eines CALL-Kodes erlaubt es, unterschiedliche Programme des Elternprozesses über nur einen Interrupt aufzurufen. Für jeden möglichen CALL-Kode muß eine identische Datenstruktur sowohl im Eltern- als auch im Kindprozeß vereinbart werden. Dazu bieten Turbo-C durch Unions in Strukturen und Turbo-Pascal durch Varianten in Datensätzen ausreichende Mittel. Diese beiden Sprachen unterstützen sowohl die Wert- als auch die Adreßübergabe von Parametern im Stack, wobei Adressen generell als FAR vereinbart werden müssen.

Die Nutzung von Fortran 77 ist etwas komplizierter. Hier wird beim Unterprogrammaufruf ein Vektor vom FAR-Zeiger auf die aktuellen Parameter bereitgestellt. Eine Werteübergabe oder eine Zeigerarbeit wird nicht unterstützt.

Da im Sprachumfang die Auslösung eines Interrupts nicht vorgesehen ist, wurde ein Assemblerprogramm unter Verwendung von Macros entworfen, das den Aufbau der erforderlichen Parameterstruktur und den Interrupt gewährleistet. Dieses Programm kann in die Standardbibliothek eingeführt werden, oder es ist beim Linken explizit anzugeben.

Kompatible Datenformate

Tafel 1 zeigt die nutzbaren Datenformate. Problemlos können die Integer-Formate verwendet werden, Real-Formate sind zwar intern identisch (8087-Formate), aber die zugelassenen Wertebereiche der einzelnen Sprachen sind unterschiedlich. Problematisch hingegen sind Zeichenketten. Es kann jeweils ein Zeiger, der auf eine sprachtypische Struktur zeigt, übergeben werden:

Pascal	Byte 0	= logische Länge
	ab Byte 1	= Inhalt
C	ab Byte 0	= Inhalt mit folgender 0 als Endekennung
Fortran 77	Adresse einer Verwaltungsstruktur	
	Byte 0...3	= FAR-Zeiger auf Inhalt
	4...5	= logische Länge

Tafel 1 Nutzbare Datenformate

Turbo-C	Turbo-Pascal	Fortran 77	Wertebereich
char	shortint		– 128 ... 127
unsigned char	byte		0 ... 255
int	integer	INTEGER*2	– 32768 ... 32767
unsigned int	word		0 ... 65535
long int	longint	INTEGER*4	2147483648 ... 2147483647
float	single	REAL*4	$0{,}29E^{-38} \ldots 3{,}4E^{+38}$
double	double	REAL*8	$0{,}56E^{-308} \ldots 0{,}9E^{+308}$

Zweckmäßigerweise sollte im Elternprozeß eine Konvertierung in das C-Format erfolgen, was günstig mit der notwendigen Kopieroperation verbunden werden kann.

Der Elternprozeß

Das Progammbeispiel in Bild 1 beinhaltet die Hilfsprogramme zum Aufrufen des Kindprozesses sowie eine einfache Demonstration einer Interruptroutine.

MAIN-Funktion

Die spawnl ()-Funktion des Turbo-C-Systems rettet vor dem direkten Start des Kindprozesses über die entsprechende DOS-Funktion die Register SS und SP in Merkzellen, die symbolisch durch *spawn* erreichbar sind. Die Funktion *set_stack_zellen* richtet entsprechende Zeiger ein. Der Kindprozeß kann nach Eintragen der Adresse der Behandlungsroutine (*install*, im Beispiel Interrupt 240) in bekannter Weise mit spawnl gestartet werden. Damit geht die Prozeßregie an den Kindprozeß über. Wird dieser ordnungsgemäß verlassen, wird der Elternprozeß mit der folgenden Anweisung fortgesetzt. Das wird durch MS-DOS organisiert.

Interruptroutine

Durch die Deklaration als Interrupt in Turbo-C werden automatisch die Register AX, BX, CX, DX, ES, DS, SI, DI und BP auf den aktuellen Stack gerettet. Da der Kindprozeß ruft, erfolgt dies in dessen Stack. Anschließend werden das DS-Register mit dem Datensegment des Elternprozesses und BP als Zeiger für die in den Stack geretteten Parameter gestellt. Damit sind die Registerzustände des Interruptrufes als Variablen verfügbar. Da Turbo-C im Speichermodell *small* für seine interne Arbeit DS = SS voraussetzt, ist eine Umschaltung des Stacksegmentes, gefolgt von einer Korrektur von SP, notwendig. Damit sind aber die Parameter der Interrupt-Routine, die über SS:BP des Kindprozesses adressiert werden, nach der Umschaltung nicht mehr verfügbar. Deshalb wird zunächst der Pointer PREG auf die Parameter initialisiert.

Die Umschaltung des Stacks sollte in der angegebenen Reihenfolge ausgeführt werden. Die Verwendung der Register DX und CX ist notwendig, um die Ladeoperation SS,SP als zwei aufeinanderfolgende Befehle erzwingen zu können (Sicherung der Interruptfähigkeit). Weiterhin ist das Register BP korrekt zu stellen. Turbo-C verwendet standardmäßig im C-Modus folgendes Prinzip der Parameterübergabe:

rufendes Programm: Alle Parameter werden in SS:SP gekellert, anschließend wird das zu rufende Programm mit call aufgerufen (FAR oder NEAR sind erlaubt).

gerufenes Programm: Ohne Einrichtung lokaler dynamischer Variablen wird folgender Startkode generiert:

```
PUSH  BP
MOV   BP,SP
```

Damit ist das Register BP als Zeiger auf die Parameter im Stack verwendbar. Die Entfernung der Parameter aus dem Stack ist im C-Modus Sache des rufenden Programms. Das gerufene Programm endet mit:

```
POP  BP
RET        ; NEAR oder FAR
```

Stackkorrektur: Die Entfernung der Parameter erfolgt im rufenden Programm durch den Befehl:

```
MOV  SP,BP
```

Diese Steuerung funktioniert nur, wenn BP auf das Ende des Stacks einer Programmstruktur zeigt.
Bei der als Beispiel angeführten Interruptroutine (Bild 1) mit eigener Stackumschaltung ist also zusätzlich BP mit dem Inhalt von SP zu laden. Lokale Variablen sollten in Interruptroutinen nicht vereinbart werden, da diese nach der Stackumschaltung nicht direkt adressierbar sind und die BP-Verwaltung verkomplizieren.
Die Umschaltung des PSP erfolgt unter Nutzung der MS-DOS-Funktionen 80/81 in bekannter Art und Weise.
Im Beispiel wird eine Parameterüberwachung vom Kind- zum Elternprozeß durch eine spezielle Struktur ermöglicht, deren Adresse durch den Kindprozeß in die Register DX und CX geladen wird. Im Elternprozeß wird der Zeiger *user* auf diese Struktur gestellt. Nach diesen Vorbereitungen können die gewünschten Aktionen ausgeführt werden. In der Endbehandlung werden der PSP sowie SS und SP des Kindprozesses eingestellt (beachte die Verwendung von DX, CX). Die POP-Operation für die Register sowie der IRET werden durch Turbo-C automatisch generiert (Interrupt-Deklaration). Da Turbo-C nicht korrekt mit FAR-Zeigern arbeitet, sollten entweder eigene Funktionen benutzt werden, oder die Daten sollten, wie am Beispiel einer Zeichenkette gezeigt, in Puffer des Elternprozesses kopiert werden (far-copy).
Weiterhin ist zu beachten: In der Interrupt-Routine dürfen aufgrund der Stackumschaltung keine lokalen Variablen deklariert werden. Es ist zweckmäßig, eine globale Deklaration als *static* zu verwenden. Diese einfache Methode ist jedoch nicht rekursiv verwendbar. Ist diese jedoch gefordert, so müssen die Merkzellen für die Register SS, SP und den PSP sowie die Zeiger USER und PREG stackartig organisiert werden.

Die Kindprozesse

Inhaltlich sind die drei Varianten in den Bildern 2 bis 4 ähnlich. Es wird eine Interruptroutine im Elternprozeß durch den aktuellen Kindprozeß zweimal gerufen. Zunächst soll eine Zeichenkette des Kindprozesses, die durch einen Zeiger adressiert ist, mit einer PRINT-Anweisung des Elternprozesses ausgegeben werden. Durch die Zeiger ist das in C und Pascal recht einfach, wobei in diesem Fall in Pascal ein C-gerechtes Format organisiert wird. Für Fortran 77 wird die Konvertierung ins C-Format im Elternprozeß vorgenommen. Danach wird eine Integerzahl vom Kind- zum Elternprozeß übergeben. Das erfolgt in C (Bild 2) und Pascal (Bild 3) als Wert und in Fortran 77 (Bilder 4 und 5) als FAR-Zeiger. Diese einfachen Beispiele sollen als Anregung dienen. Für eigene Lösungen ist generell zu beachten:
– Die Struktur zur Parameterübergabe des Kindprozesses muß zur Vereinbarung im Elternprozeß kompatibel sein.
– Es dürfen nur FAR-Zeiger/-Adressen verwendet werden. NEAR-Zeiger führen zwangsläufig zu Fehlern.
– Es können bei Verwendung unterschiedlicher Sprachen nur kompatible interne Formate verwendet werden. Im Beispiel wird das für die Zeichenkette in Pascal durch explizites Anfügen von \0 erreicht.
– Fortran übergibt FAR-Adressen. Werte können nicht direkt übermittelt werden.

✉ KONTAKT ☎

Technische Hochschule Wismar, Sektion M/N, Wissenschaftsbereich Informatik, Philipp-Müller-Straße, Wismar, 2400

Grafik mit dem EC 1834

Andreas Bliesener, Rostock

Die Turbo-Pascal-Compiler der Versionen 4.0 und 5.0 stellen leistungsfähige Bibliotheken zum Programmieren grafischer Ausgaben zur Verfügung. Es sollen hier einige Aussagen zur Nutzung dieser Software für den Rechner EC 1834 mit Grafik-Adapter gemacht werden.

Der EC 1834 besitzt ebenso wie der A 7150 einen Grafik-Adapter auf Basis des GDC U 82720. Der EC 1834 emuliert dabei eine CGA-Karte, deren grafische Fähigkeiten eher bescheiden zu nennen sind.
Durch die Bereitstellung des Treibers VE-89.SYS werden zwei neue Grafik-Modi mit erheblich größerer Leistungsfähigkeit verfügbar. Der Modus 8 ermöglicht zwar die Darstellung von 640 × 480 Punkten in 16 Farben, aufgrund des verwendeten Grafikprozessors wird jedoch keine Kompatibilität zum VGA-Standard erreicht.
Der Modus 9 kann 640 × 400 Punkte in zwei Farben darstellen. Dieser Modus ist kompatibel zum Grafik-Adapter von AT & T. Leider ist aufgrund der unterschiedlichen Initialisierung dieses Modus eine Benutzung der für die Turbo-Pascal-Compiler vorhandenen Bibliotheken nicht ohne weiteres möglich. Die Benutzung der Unit Graph und der Graphix-Toolbox ist aber dennoch möglich.

Die Unit Graph und der Video-Modus 9

Die Unit Graph benutzt als Schnittstelle zwischen allgemeinen Unterprogrammen für die Grafik und dem Video-Adapter das sogenannte Borland Graphics Interface (BGI). Dieses Interface besteht aus Treiber-Programmen, die in Form von Dateien mit dem Suffix *BGI* vorliegen. Dieses Konzept ermöglicht das Erstellen von Programmen, die auf den unterschiedlichsten Video-Adaptern (CGA, EGA, VGA, Hercules) ohne große Änderungen lauffähig sind.
Der Video-Modus 9 des EC 1834 aber läßt sich durch keinen der vorhandenen BGI-Treiber direkt ansprechen. Durch einen Patch in dem BGI-File ATT.BGI ist dies jedoch leicht möglich.
Die Auflösung von 640 × 400 Punkten wird, wie schon erwähnt, durch den Modus 9 initialisiert. Im Original-Treiber geschieht dies jedoch durch den Modus $40.
Das folgende Programm tauscht deshalb die Modus-Nummer und ermöglicht dadurch die richtige Initialisierung des Bildschirms (Bild 1). Vor der Benutzung des Treibers, muß er jedoch explizit in folgender Form angemeldet werden.

```
VAR    GraphDriver,
       GraphMode    : INTEGER;

BEGIN
  GraphDriver:=ATT400
  GraphMode:=ATT400hi;
  .
  .
END.
```

Eine Initialisierung in der Form

GraphDriver:=Detect; {automatische Erkennung}
funktioniert nicht, da die Grafikkarte mit 256 KByte RAM ausgestattet ist und als EGA/VGA erkannt wird.

Die Graphix-Toolbox (Version 4.0)

In der Graphix-Toolbox wird ebenfalls eine Trennung in hardwarenahe und die eigentlichen Zeichnungsroutinen vorgenommen. Die hardwarenahen Routinen werden bei der Installation der Graphix-Toolbox in die Unit GDRIVER eingebunden.

Bild 1 Patch-Programm für den Treiber ATT.BGI

```
PROGRAM Patch;     {EC 1834  - Turbo 5.0 ATT.BGI vom 10.10.88}
                   {           Turbo 4.0 ATT.BGI vom 09.12.87}
USES CRT,DOS;
{$DEFINE TURBO5} {Definiere Constante für Turbo 5.0 ATT.BGI}
                    {Für Turbo 4.0 ATT.BGI $DEFINE entfernen}
{$IFDEF TURBO5}
  CONST Adr = 1563;        {Adresse des zu verändernden Bytes}
{$ELSE}
  CONST Adr = 1365;
{$ENDIF}

VAR BGI   : FILE OF BYTE;
    B     : BYTE;
    Datum : LONGINT;
    Dat   : DATETIME;

BEGIN
  Assign(BGI,'ATT.BGI');
  Reset(BGI);
  GetFTime(BGI,Datum);                    {Hole Filedatum und -zeit}
  UnPackTime(Datum,Dat);
  ClrScr;
  WriteLN('Der Treiber ATT.BGI vom ',Dat.Day:2,'.',
             Dat.Month:2,'.',Dat.Year,
            ' wird an das Video-System des EC 1834');
  WriteLN('angepaßt.');
  B:=$09;            {Der Wert für den gewünschten Video-Modus}
  Seek(BGI,Adr);
  Write(BGI,B);
  SetFTime(BGI,Datum);       {Setze altes Filedatum und -zeit}
  Close(BGI);
  WriteLN;
  WriteLN('Fertig.');
END.
```

```
Zeile 172:
const
  GrafMode = $0009; { BIOS Interrupt 10 AX register }
                    { Im normalen ATT-Driver steht hier $0040 }

Zeile 296:
  DisplayType:=IBMCGA; {Einfugen -
                        Es wird eigentlich eine EGA erkannt.
                        Im weiteren Programmverlauf wurde
                        bei einer EGA die Farbpalette ver-
                        andert. }
```

Bild 2 Initialisierung des Video-Modus

```
Zeile 548:
var picture : screentype;

procedure SaveScreen{(FileName : WrkString)};
type PicFile = file of ScreenType;
var PictureFile : PicFile;
    IOErr       : boolean;

procedure IOCheck;
begin
  IOErr := IOresult <> 0;
  if IOErr then
    Error(27, 5);
end; { IOCheck }

begin
  if FileName <> '' then
    begin
      IOErr := false;
      move(ptr(grafbase,0)^,picture,ScreenSizeGlb shl 1);
      Assign(PictureFile, FileName);
      {$I-} Rewrite(PictureFile); {$I+}
      IOCheck;
      if not IOErr then
      begin
        {$I-} Write(PictureFile, Picture); {$I+}
        IOCheck;
      end;
      if not IOErr then
      begin
        {$I-} Close(PictureFile); {$I+}
        IOCheck;
      end;
    end
  else
    Error(27, 5);
end; { SaveScreen }
```

Bild 3 Änderung der Prozedur SaveScreen

```
procedure LoadScreen{(FileName : WrkString)};
type
  PicFile = file of ScreenType;
var
  PictureFile : PicFile;
begin
  if FileName <> '' then
    begin
      Assign(PictureFile, FileName);
      {$I-} Reset(PictureFile); {$I+}
      if IOresult <> 0 then
        Error(11, 5)
      else
        begin
          Read(PictureFile, Picture);
          Close(PictureFile);
          move(picture,ptr(grafbase,0)^,ScreenSizeGlb shl 1);
        end;
    end
  else
    Error(11, 5);
end; { LoadScreen }
```

Bild 4 Änderung der Prozedur LoadScreen

Für den AT & T-Adapter ist auch hier die Möglichkeit gegeben, ihn an den EC 1834 anzupassen.
Alle folgenden Änderungen betreffen das File GRAFATT.DRV (Bild 2).
Die Prozeduren in Bild 3 ersetzen die originalen Prozeduren SaveScreen und LoadScreen, da diese am EC 1834 zum Rechnerabsturz führten.
Nach dem Eintragen der Änderungen wird eine kompilierfähige Version der Graphix-Toolbox mit der Batch-Datei TGINST.BAT erstellt.
Der Aufruf lautet:
[Laufwerk:] [Pfad] \ > TGINST ATT.
Danach kann das Programm TGDEMO.PAS kompiliert werden, wobei die Units GDRIVER, GKERNEL, GWINDOWS und GSHELL erzeugt werden. Damit ist eine Nutzung der Graphix-Toolbox im vollen Leistungsumfang möglich.

Literatur

/1/ Turbo-Pascal 4.0 Referenzhandbuch Heimsoeth & Borland 1987

✉ KONTAKT ☎

Institut für Schiffbautechnik, Am Strom 109, Rostock, 2530;
Tel. 56225

L3, PC-MOS, VM/386

3 Systeme, 3 Methoden

David Possin

Wer noch mit MS-DOS arbeitet, nutzt die Leistung eines 32-Bit-Personal-Computers bei weitem nicht aus. Steigt man auf Unix um, läßt sich meist die vorhandene DOS-Software nicht mehr nutzen. Den Ausweg aus dem Dilemma versprechen DOS-kompatible Multiuser/Multitasking-Systeme wie L3, PC-MOS oder VM/386. (pl)

Derzeit ist MS-DOS in der Praxis bei PC-Betriebssystemen Nummer eins der Weltrangliste. An dieser Position dürfte sich in den nächsten Jahren trotz OS/2 oder Unix auch nichts Entscheidendes ändern.
Microsoft und IBM versuchen zwar mit OS/2 einen würdigen Thronfolger für DOS zu küren, aber die Komplexität und die damit verbundenen Probleme wie Programmfehler, enormer Speicherbedarf und fehlende Zahl von Standardprogrammen verhindern bis jetzt den erhofften Durchbruch.
Sicherlich wird OS/2 als Multitasking-Betriebssystem auch erst seine Bedeutung als Multiuser-System erhalten, wenn es erst einmal die Speicherverwaltungs-Techniken der 80386- und 80486-Prozessoren unterstützt und entsprechende Zusätze erhältlich sind, damit mehrere DOS-Tasks auch von Terminals angesprochen werden können. Die Entwicklung des LAN-Managers für OS/2 zeigt schon in die genannte Richtung. Nur: Bis dies soweit ist, nutzen die Hersteller anderer Betriebssysteme die Lücke aus, die entstanden ist. Und diese Lücke scheint ziemlich groß zu sein, wenn man die Anzahl der Betriebssysteme und der Betriebssystem-Erweiterungen betrachtet, die die nächsten Schritte nach DOS darstellten.
Unix dagegen hat im Prinzip durch seine technischen Vorteile und die große Akzeptanz in der mittleren Datentechnik die besseren Karten. Nur entspricht sein vorgesehenes Einsatzgebiet als Mehrplatz-Betriebssystem nicht dem Bedarf nach einem neuen PC-Standardsystem: Der DOS-Standard darf nicht ignoriert werden. Und dieses Standardsystem muß durchgängig als Einplatz-Grundsystem über Multitasking bis hin zum Mehrplatzsystem homogen ausbaubar sein, auch innerhalb von Netzwerken.
Wie weit dies heute schon möglich ist, zeigen Betriebssysteme wie »L3«, »PC-MOS« und »VM/386«.
VM/386 vertritt die Philosophie, DOS bleibe das Maß der Kompatibilität und sei nicht ohne weiteres zu ersetzen. PC-MOS nimmt für sich eine sehr hohe Kompatibilität in Anspruch, ohne aber zu abhängig von DOS zu werden. L3 möchte den 80386-Prozessor möglichst voll ausnutzen und bietet als Bonbon eine gewisse DOS-Kompatibilität. L3 ist eine Entwicklung der deutschen Firma Ergos, die aus der Gesellschaft für Mathematik und Datenverarbeitung (GMD) entstand. Laut Systemdefinition war bei L3 die Kompatibilität nicht so entscheidend, statt dessen steht maximale Leistung obenan.
Die Entwickler von L3 betonen, daß DOS-Kompatibilität sich vorrangig auf die Dateiformate bezieht, DOS-Dateien können von Disketten gelesen und beschrieben werden. Viele DOS-Programme sind unter L3 lauffähig, bestimmte grundsätzliche Einschrän-

Auf einen Blick: Ergos L3

Programmart: PC-Betriebssystem
Bedienung: Tastatur
Leistungsmerkmale: Multitasking, Multiuserfähigkeit, teilweise DOS-Kompatibilität
Preise: 1014,60 DM für 1 Benutzer,
2736 DM für max. 4 Benutzer,
4503 DM für theoretisch unbegrenzte Benutzerzahl (Preis nach Herstellerangabe inkl. MwSt.)
Testeindruck:
+ schnelles Betriebssystem
+ theoretisch unbegrenzte Benutzerzahl
+ besonders für Spezial-Anwendungen geeignet
– eingeschränkte DOS-Kompatibilität

Auf einen Blick: VM/386

Programmart: PC-Betriebssystem
Bedienung: Tastatur
Leistungsmerkmale: Multitasking, Multiuserfähigkeit, DOS-Kompatibilität
Preise: 1700 DM für theoretisch unbegrenzte Benutzerzahl
(Preise nach Herstellerangabe inkl. MwSt)
Testeindruck:
+ nahezu vollständige DOS-Kompatibilität
+ theoretisch unbegrenzte Benutzerzahl
+ sehr flexibel einstellbar
– hoher Speicherbedarf

Auf einen Blick: PC-MOS/386

Programmart: PC-Betriebssystem
Bedienung: Tastatur
Leistungsmerkmale: Multitasking, Multiuserfähigkeit, DOS-Kompatibilität
Preise: 786,60 DM für 1 Benutzer, 2074,80 DM für max. 5 Benutzer, 3249 DM für max. 25 Benutzer
(Preise nach Herstellerangabe inkl. MwSt)
Testeindruck:
+ sehr hohe DOS-Kompatibilität
+ deutsche und englische Version
+ insgesamt einfache Handhabung
– Installation durch Spezialisten ratsam

kungen sind aber zu beachten. Die Festplatte wird von L3 mit einem eigenen Format eingerichtet, eine DOS-Plattenpartition kann erhalten bleiben, um gegebenenfalls auch DOS booten zu können. Die Installation über Menüs wirft keine großen Probleme auf. Hardware-Voraussetzungen sind ein 80386-Prozessor, mindestens 2 MByte, besser 4 MByte RAM und eine schnelle Festplatte. L3 arbeitet mit dem Speicher im Paging-Verfahren, das heißt, wenn der Hauptspeicher nicht ausreicht, werden Teile des RAMs auf die Platte ausgelagert. Nach dem Booten erscheint das L3-Systemmenü, das die Tasksteuerung übernimmt. Hier können Tasks angelegt, verwaltet und wieder entfernt werden. Diese können Verwaltungstasks, Tasks für mehrere lokale Anwendungen oder Tasks zur Unterstützung von Terminals, also für den Multiuser-Betrieb, sein. Am besten werden Programme laufen, die in der im Lieferumfang enthaltenen Programmiersprache Elan geschrieben wurden. Wenn ein DOS-Programm gestartet werden soll, muß erst die Systemumgebung hierzu geladen werden. In einem Handbuch-Kapitel steht hierzu ausführlich, welche DOS-Befehle und -Aufrufe bereits implementiert wurden, welche in Arbeit sind und welche nicht übernommen werden. Die Tasksteuerung besitzt sehr umfangreiche Schnittstellen, um Daten von einer Task zur anderen zu schicken. Eine spezielle Task »POST« dient, wie der Name schon sagt, als elektronischer Briefkasten, damit sich die verschiedenen Anwender gegenseitig Briefe schicken können. Eine weitere Task dient als Spooler, um die gemeinsame Nutzung des zentralen Systemdruckers zu verwalten. Bis zu 15 vorgegebene serielle Schnittstellen können verwaltet werden, somit stehen maximal 16 Arbeitsplätze zur Verfügung. Weil die Adressen und Interrupts der Schnittstellen voreingestellt sind, muß bei der Auswahl der Schnittstellenkarten auf diese Eigenschaften geachtet werden. Als Terminals sind die sogenannten PCTERM-fähigen geeignet, die neben den 25 Bildschirmzeilen auch den erweiterten IBM-Zeichensatz vertragen.
Ein integriertes Archivierungssystem verwaltet sowohl die Disketten-Laufwerke als auch Bandlaufwerke, um Konflikte bei gleichzeitigen Zugriffen auf diese Speichermedien zu unterbinden. Zahlreiche Hilfsprogramme geben dem Systemverwalter eine Übersicht der Auslastung des Systems, die Aktivitäten der einzelnen Tasks und deren Berechtigungen. Andere Befehle entsprechen in ihrer Funktion mehr oder weniger DOS-Befehlen, aber deren Syntax erinnert mehr an eine Programmiersprache. Die L3-eigene Sprache Elan wird kurz im Handbuch beschrieben. Elan wird an vielen Universitäten als Mustersprache für die strukturierte Programmierung benutzt.
Ingesamt macht L3 einen stabilen Eindruck und ist für spezielle Einsatzgebiete gut zu verwenden. Seine eingeschränkte DOS-Kompatibilität grenzt jedoch den Anwenderkreis ein, aber neuere Versionen sollen auch in diesem Bereich stark verbessert werden. Es ist etwas für Spezialisten, die spezielle Anwendungen zu lösen haben und ein schnelles Betriebssystem brauchen.

PC-MOS, das modulare Betriebssystem

PC-MOS setzt ganz andere Prioritäten als L3. Einmal installiert, soll beim Anwender das Gefühl geweckt werden, er arbeite ganz normal unter DOS. Entsprechend identisch zur Vorlage sind auch die Befehle, die genau so heißen und sich fast immer genauso verhalten. Wer will, kann tiefer einsteigen und die zusätzlichen Möglichkeiten, die ein Multitasking-/Multiuser-Betriebssystem automatisch mit sich bringt, ausnutzen. Die Kompatibilität zu DOS ist sehr hoch, selbst Programme, die DOS-Teile aus Performance-Gründen umgehen, werden erfolgreich abgefangen und »umgebogen«. Die Installation ist nicht einfach und sollte grundsätzlich von einem systemerfahrenen Spezialisten vorgenommen werden. Es sind sehr viele hardwareabhängige Eigenschaften einstellbar, die wichtig für eine gute Leistung und für den sicheren Betrieb sind. Wenn die Installation einschließlich der Batchdateien für die einzelnen Tasks erfolgt ist, wird im normalen Betrieb selten ein Systemverwalter benötigt, höchstens für die Überwachung der Sicherungen und der Systemdrucker. Läuft das System erst einmal stabil mit allen Anwendungen, fühlen sich alle Benutzer wie auf einem PC zu Hause.
Natürlich sind hier die gleichen Restriktionen wie bei allen Mehrplatzsystemen zu beachten. Spielprogramme und Programme, die in ein System direkt eingreifen und dort Manipulationen durchführen, sind absolut tödlich. Hält man sich aber an die üblichen DOS-Richtlinien, und hat entsprechende Sicherheitsvorkehrungen getroffen, um unerlaubte und unerwünschte Eingriffe zu unterbinden, dann hat man ein echtes DOS-kompatibles Mehrplatzsystem.
PC-MOS kann in drei Varianten bezogen werden; als Einplatzsystem mit Multitasking, als Fünfplatzsystem und als 25-Platzsystem. Die Arbeitsplätze beziehen sich nicht auf die Anzahl der Tasks, insgesamt sind 100 Tasks möglich, also mehrere Tasks pro Arbeitsplatz sind realisierbar. Alle Versionen können in ein Novell-Netzwerk eingebunden werden, Novell liefert hierzu die entsprechenden Treiber. Dadurch können sogenannte hybride Netze aufgebaut werden. Dazu wird innerhalb einer Abteilung ein Multiuser-System installiert. Die einzelnen Abteilungen werden untereinander über ein Netzwerk gekoppelt. Gegebenenfalls können einzelne Arbeitsplätze, sofern diese technisch entsprechend ausgestattet sind, parallel hierzu an einen Mainframe-Rechner gekoppelt werden, oder dieser Anschluß erfolgt zentral über einen im Netzwerk befindlichen Rechner, der speziell für diese Aufgabe ausgestattet ist.

VM/386, DOS mit neuem Gewand

Wie bereits beschrieben, braucht bei VM/386 das gewohnte Betriebssystem DOS nicht im Schrank zu verschwinden, sondern wird in jeder Task als Basis hergenommen, um Programme ablaufen zu lassen. VM/386 setzt bezüglich der Festplatte keine Besonderheiten voraus, sondern wird nach dem Booten von DOS erst aktiviert. Zuerst übernimmt er dann die Verwaltung des Prozessors und geht in den echten 386er-Betrieb über. Wenn keine Automatismen angelegt wurden, erscheint ein Menü für den Systemverwalter, um alle möglichen Operationen durchzuführen. Dabei sind unter anderem natürlich Task für Anwendungen anzulegen. Diese Tasks sind sehr fein für den aktuellen Bedarf einstellbar und interaktiv auch dynamisch veränderbar. Schaltet man in eine DOS-Tasks um, so erscheint diese wie eine echte DOS-Umgebung, die sie durch das Laden von DOS auch wirklich ist. In jeder Task wird DOS individuell gebootet mit allen bekannten Merkmalen, was jederzeit von jedem Anwender wiederholt werden kann. Die Installation von VM/386 ist einfacher als bei PC-MOS. Die individuelle Anpassung der Tasks ist jedoch aufwendiger. Steht das System, dann ist das VM/386-System ebenfalls sehr stabil und noch DOS-kompatibler als PC-MOS. Dafür ist es insgesamt etwas langsamer und verbraucht wesentlich mehr Speicher. Beide Systeme sind als Einplatz- oder Mehrplatz-System lieferbar, die Einbindung in ein Netzwerk ist mit Zusatzmodulen ebenfalls bei beiden möglich. Bei steigender Anzahl von Arbeitsplätzen fällt die Leistungskurve von PC-MOS bei bis zu drei Plätzen stärker ab, danach sinkt die Leistung unerwartet schwächer.Bei VM/386 reduziert sich die Leistung gleichmäßiger pro Platz.
Bei PC-MOS und VM/386 ist es sehr schwer, dem einen oder anderen den Vorzug zu geben. PC-MOS wird auch in einer deutschen Version geliefert und bietet in seiner insgesamt einfacheren Handhabung sicherlich die bessere Lösung bei Installationen, die kommerzielle Anwendungen unterstützen sollen. Allerdings sollte vorher die Kompatibilität überprüft werden, da hier möglicherweise Probleme entstehen können. Wenn ein System jedoch häufig umkonfiguriert werden muß, die Anwendungsbereiche nicht eindeutig überprüfbar oder definierbar sind, dann ist VM/386 die bessere Wahl. Die Tasks und deren individuelle Bedürfnisse sind sehr fein zu optimieren. Wenn CAD-Anwendungen oder ähnlich aufwendige Programme häufiger benutzt werden sollen, dann ist die verringerte Leistung ein Preis, der zugunsten der Flexibilität bezahlt werden muß.
In der grundsätzlichen Frage, ob kompatibel oder nicht, ist Ergos L3 eingeschränkt und PC-MOS sehr weitgehend zuverlässig. VM/386 erfüllt den eigenen Anspruch aus DOS-Kompatibilität nahezu vollständig.

Nachdruck aus Computer Persönlich, Heft 5/1990

Turbo-Pascal-Praxis

Teil 6

Manfred Zander, Dresden

*Liebe Leserin, lieber Leser,
nachdem Sie unserem Kurs Turbo-Pascal-Praxis nun schon über fünf Folgen und fast ein Jahr die Treue gehalten haben, und hoffentlich auch zahlreiche Hinweise, Tips und Kniffe für Ihre tägliche Arbeit entnehmen konnten, lesen Sie heute unseren sechsten und letzten Teil.
Wir beenden zunächst die Abhandlungen zu den Baumstrukturen und bieten Ihnen dann neben einem Beispiel für die Programmierung von Eingabemasken das vollständige Listing eines kleinen Texteditors an, den Sie sicher sehr gut in Ihren eigenen Programmen nutzen können.*

Das Löschen eines einzelnen Elementes einer Knotenliste ist nicht vorgesehen, da eine Liste später immer als eine Einheit, als komplettes Ergebnis einer Opteration betrachtet werden soll. Demgegenüber ist es natürlich notwendig, das Löschen von kompletten Listen vorzusehen. Diese Aufgabe wird von der Prozedur *LöschenKnotenListe* wahrgenommen (vgl. Bild 51, MP 3/90, S. 82). Dazu wird ihr der Zeiger auf die zu löschende Liste übergeben. Nachdem die Prozedur die Elemente der übergebenen Knotenliste vollständig freigegeben hat, wird über diesen Zeiger der Wert NIL zurückgegeben, die Liste existiert nicht mehr.
Zur Auswertung aufgebauter Knotenlisten sind zwei Funktionen und eine Prozedur erforderlich. Die Prozedur *DruckeKnotenListe* zeigt den Inhalt einer Liste auf dem Bildschirm an. Sie setzt ihrerseits eine Prozedur mit Namen *DruckeKnoten* voraus, da für verschiedene Knoteneintrag-Typen die Bildschirmanzeige unterschiedlich sein kann. Die Prozedur *DruckeKnotenListe* ist daher darauf beschränkt, alle in der Liste gesammelten Knoten für die Anzeige bereitzustellen.
Mit der Funktion *Anzahl* ist es möglich, die Elementezahl einer übergebenen Knotenliste zu ermitteln. Sie durchläuft die Liste von Anfang bis zum Ende und zählt dabei die einzelnen Knotenverweise zusammen. Die Liste selbst wird dabei nicht verändert; zurückgegeben wird die Anzahl als Integerwert.
Zum Test, ob ein Knoten in einer Knotenliste enthalten ist, wurde die Boolesche Funktion *Member* erstellt, die die Funktion *gleich* nutzt (s. Prozedur *FindeKnoten*).
Nachdem die Verwaltung der Ergebnis-Knotenlisten den vorgestellten Prozeduren anvertraut wurde, kann zur Baumanalyse übergegangen werden. Alle im Bild 52 vorgestellten Analyseprozeduren übergeben als Ergebnis eine Knotenliste, in der die jeweils ermittelten Knoten gesammelt sind. Zur Erläuterung der einzelnen Analysen soll wieder die Organisationsstruktur eines Betriebes dienen, wobei in jedem Knoten jeweils eine Person gespeichert sein soll.
Die erste abgedruckte Analyseprozedur mit dem Namen *ZweiginListe* sammelt alle einem Knoten untergeordneten Knoten in einer Liste, einschließlich des Knotens selbst. Auf einen Abteilungsleiter angewandt, enthält die Knotenliste beispielsweise alle Gruppenleiter und alle Mitarbeiter der Abteilung. Für den Betriebsdirektor enthält die entstehende Liste alle Betriebsangehörigen. Die wiederum rekursive Prozedur geht dabei folgendermaßen vor:
Zuerst wird der Knoten, auf den der Parameter B zeigt, in die zu erstellende Liste aufgenommen. Dies wäre in unserem Fall der Abteilungsleiter. Anschließend ruft sich die Prozedur für alle in der *Nach*liste gespeicherten Knoten selbst auf, also für alle Gruppenleiter. Bei der Bearbeitung der Gruppenleiter trägt die Prozedur diese wieder in die Liste ein und ruft sich dann weiter für die Mitarbeiter auf. Durch dieses rekursive Prinzip ist gewährleistet, daß alle an einen Knoten – hier den Abteilungsleiter – anschließenden Zweige erreicht werden. In der entstehenden Liste sind dann alle Personen der Abteilung vom Abteilungsleiter selbst bis zum einzelnen Mitarbeiter enthalten. Die Reihenfolge der Listeneintragungen ist dabei willkürlich und für die weitere Auswertung kaum informativ. Die Prozedur *ZweiginListe* übergibt über den Parameter *Liste* den Zeiger auf die erstellte Knotenliste, die nun zur weiteren Verarbeitung, beispielsweise zur Ausgabe, bereitsteht. Die nächste Analyse-Prozedur mit dem Namen *UnterinListe* sammelt dagegen nur die einem speziellen Knoten B (zum Beispiel dem Abteilungsleiter) direkt untergeordneten Knoten (die Gruppenleiter) in einer Liste. Die dabei entstehende Knotenliste entspricht völlig der *Nach*liste *nL* des Abteilungsleiters. Im Unterschied zu der im Baum verankerten *Nach*liste kann die entstandene Knotenliste aber beliebig geändert werden, ohne den Baum zu *beschädigen*. Die Prozedur *UnterinListe* übergibt über den Variablenparameter *Liste* wieder einen Zeiger auf die erarbeitete Knotenliste.
Die Prozedur *AlleEndinListe* ist rekursiv aufgebaut und ähnelt der Prozedur *ZweiginListe*. Die entstehende Liste enthält aber nur *die* Mitarbeiter, die selbst keine Unterstellten mehr haben. Wird der Prozedur über den Parameter B der Zeiger auf einen Abteilungsleiter übergeben, so werden in der Knotenliste alle Mitarbeiter der Abteilung ohne Leitungsfunktion gesammelt. Zeigt B auf den Betriebsdirektor, so werden alle Mitarbeiter des Betriebes, die keine Leitungsfunktion ausüben, in die Liste aufgenommen. Durch das rekursive Vorgehen der Prozedur ist wiederum gesichert, daß alle Verzweigungen des Baumes berücksichtigt werden.
Die letzte vorgestellte Analyse erhielt den Namen *RückinListe*. Sie ermittelt den Weg von einem übergebenen Knoten P zurück zum Kopfknoten des Baumes. Dabei speichert sie alle Knoten, die auf diesem Weg liegen, in einer Knotenliste ab. Zeigte der Parameter P zum Beispiel auf einen Gruppenleiter, so enthält die entstehende Knotenliste lediglich seine Leiter bis hin zum Betriebsdirektor. Auch diese Prozedur übergibt dem rufenden Programm einen Zeiger auf die entstandene Ergebnisliste.
Weitere Analysen könnten beispielsweise folgende Aufträge erledigen: Ermittlung aller Leiter eines Betriebes; Ermittlung aller Leiter der gleichen Leitungsebene; beides für den gesamten Betrieb oder auf Bereiche eingegrenzt; Ermittlung des korrekten Dienstweges zwischen zwei vorgegebenen Personen in der Struktur usw. Solche und weitere Aufträge konkreter Anwendungen sind im Rahmen der vorgestellten Methodik leicht zu erarbeiten.
Zur Demonstration der Arbeit mit einem beliebig verzweigten Baum und den vorgestellten Analysenprozeduren dient wieder ein kleines Programm (Bild 53). In diesem Beispiel werden die in den Bildern 50 bis 52 abgedruckten Teilkomplexe über Include-Anweisungen eingefügt. Die Reihenfolge der Einfügungen darf dabei nicht verändert werden. Auch die Stellung der Funktion *gleich* und der Prozedur *DruckeKnoten* im Verhältnis zu den Einfügungen ist nur so möglich. Der Anweisungsteil dieser beiden Unterprogramme dagegen wird von Lösung zu Lösung unterschiedlich sein, und ist speziell

```
(*******************************)
(* Include Baumanal.INC       *)
(*******************************)

{$A-}   (* Erzeugen rekursiven Codes !!!!! *)
procedure ZweiginListe(B:Knoten;var Liste:Verweis);
  var V:Verweis;                         (* Sammeln aller untergeordnetten *)
  begin DazuKnotenListe(Liste,B);        (* Knoten in einer Liste          *)
    V:=B^.nL;
    while V<>NIL do
      begin ZweiginListe(V^.nach,Liste);V:=V^.next
  end end;
procedure UnterinListe(B:Knoten;var Liste:Verweis);
  var V:Verweis;                        (* Sammeln aller direkt unterge-   *)
  begin V:=B^.nL;                       (* ordnetten Knoten in einer Liste *)
    while V<>NIL do
      begin DazuKnotenListe(Liste,V^.nach);V:=V^.next end
  end;
procedure AlleendinListe(B:Knoten;var Liste:Verweis);
  var V:Verweis;                            (* Sammeln aller End-Knoten in   *)
  begin                                     (* in einer Liste                *)
    if B^.nL=NIL then DazuKnotenListe(Liste,B)
    else begin V:=B^.nL;
      while V<>NIL do begin AlleendinListe(V^.nach,Liste);V:=V^.next
  end end end;
procedure RueckinListe(P:Knoten;var Liste:verweis);
  begin Liste:=NIL;                         (* Sammeln aller Knoten von P auf-*)
    while P<>NIL do                         (* waerts in einer Liste         *)
      begin DazuKnotenListe(Liste,P);P:=P^.vor
  end end;
```

Bild 52 Prozeduren zur Baumanalyse

```
program Baumanalyse;

type Eintragtyp = record ident:string[20];zahl:integer end;

Function Gleich(E1,E2:Eintragtyp):boolean;
  begin if E1.ident=E2.ident then gleich:=true else gleich:=false end;

(*$I Baum.INC  *)   (* Operationen fuer beliebig verzw.Baeume *)

Procedure DruckeKnoten(P:Knoten);
  begin write(P^.Eintrag.ident,' ':20-length(P^.Eintrag.ident)) end;

(*$I KnotenLi.INC *)          (* Operationen fuer Knoten-Listen *)
(*$I Baumanal.INC *)          (* Operationen fuer Baum-Analyse  *)

var   Haeptop,P,B:Knoten;
      List:Verweis;E:Eintragtyp;
      wahl:char;

begin (* Hauptprogramm *)
  mark(Haeptop);B:=NIL;List:=NIL;
  write('Eingabe Kopfknoten:');readln(E.ident);
  NeuerAst(B,E);             (* Setzen Kopfknoten *)
  repeat
    write('Anfuegen an:');readln(E.ident);FindeKnoten(B,E,P);
    if E.ident<>'Ende' then
      if P <> NIL then repeat
          write('Anfuegen wen:');readln(E.ident);
          if E.ident<>'' then NeuerAst(P,E)
        until E.ident=''
      else begin
        writeln('Moegliche Anfuegeknoten sind:');Zweiginliste(B,List);
        DruckenknotenListe(List);LoeschenknotenListe(List) end
  until E.ident='Ende';     (* Einlesen beendet *)

  repeat                    (* Begin Auswertung *)
    write('Informationen zu:');readln(E.ident);
    Findeknoten(B,E,P);    (* P-gefundener Knoten *)
    if P<> NIL then begin
      write('(V)orgesetzte ! (a)lle/(d)irekte Unterstellte :');
      read(kbd,wahl);writeln(wahl);
      case wahl of
       'V','v':RueckinListe(P,List);
       'A','a':ZweiginListe(P,List);
       'D','d':UnterinListe(P,List) end;
      DruckenKnotenListe(List);writeln;
      LoeschenKnotenListe(List);end
    else write('Knoten mit Eintrag:  ,E.ident,' nicht enthalten');
  until E.ident='';
  release(Haeptop);
end.
```

Bild 53 Programm zur Baumanalyse

von der konkreten Typvereinbarung für den Typbezeichner *Eintragtyp* abhängig. Seine Vereinbarung muß verständlicherweise vor allen anderen Komponenten der Lösung erfolgen. Im Beispiel wird diesem Typ ein Record-Charakter vermittelt, wobei im Programm aber lediglich das Feld *ident* genutzt wird. Anhand dieses Feldes wird in der Funktion *gleich* auch die Entscheidung getroffen, ob zwei Knoten identisch sind. Gleichfalls wird auch nur dieses Feld in der Prozedur *DruckeKnoten* zur Ausgabe angewiesen. Diese Ausgabe auf dem Bildschirm erscheint jeweils linksbündig in einem 20stelligen Bereich. Der Anweisungsteil des Beispielprogrammes selbst kann in zwei Teile untergliedert werden. Im ersten Teil wird im Hauptspeicher der Baum aufgebaut und im zweiten Teil erfolgt die Auswertung der im Baum enthaltenen Informationen.

Der Aufbau des Baumes, der in der Praxis aus einer Datei heraus erfolgen wird, ist hier schrittweise programmiert. Zuerst wird nach dem Namen für den Kopfknoten gefragt und der Baum mit diesem Kopfknoten eröffnet. Die Variable B dient im ganzen folgendem Programm als Zeiger auf diesen Kopf des Baumes und wird nicht wieder verändert. Anschließend wird der Aufbau der einzelnen Verzweigungen organisiert. Dazu wird jeweils zuerst nach dem Knoten gefragt, an den neue Knoten angefügt werden sollen. Ist dieser Knoten vorhanden, so können an diesen beliebig viele Verzweigungen *angehängt* werden. Existiert der Knoten, an den angefügt werden soll, dagegen nicht, so wird der Bediener über alle bereits im Baum aufgenommenen Knoten informiert. (Nur an bereits aufgenommene Knoten des Baumes können weitere *angehängt* werden.)

Nachdem der Baum komplett aufgebaut wurde, der Nutzer die Frage nach dem nächsten Anfügeknoten also mit *Ende* beantwortet hat, beginnt die Auswertung der Baumstruktur. Dazu wird jeweils zuerst gefragt, zu welchem Knoten Informationen ermittelt werden sollen. Dieser Knoten wird im Baum gesucht, die Variable P dient dabei als Zeiger. Wenn der Knoten gefunden wurde, enthält dieser Zeiger nach Beendigung der Prozedur *FindeKnoten* einen von NIL verschiedenen Wert. In diesem Fall werden drei verschiedene Recherchen angeboten. Die vom Bediener gewünschte Analyse wird durchgeführt und unabhängig davon, welche es war, enthält die Variable *List* den Zeiger auf die Ergebnisliste der konkreten Recherche. Diese Liste muß jetzt nur noch durch die Prozedur *DruckeKnotenListe* ausgegeben werden. Nach Ausgabe der Liste auf den Bildschirm wird sie gelöscht, und die nächste Recherche zu einem neuen Knoten kann beginnen.

Dieses Beispielprogramm soll lediglich die Nutzung der entwickelten Komponenten verdeutlichen. Daher wurde es auch nur mit einem Minimum an Dialogführung programmiert. Gerade der Gestaltung des Nutzerdialogs muß in konkreten Programmen natürlich sehr viel mehr Gewicht beigemessen werden.

Zum Abschluß soll noch auf eine weitere mögliche Ausbaustufe der vorgestellten Baumstruktur hingewiesen werden. Bisher verwies ein Knoten auf mehrere Nachfolger, aber nur auf einen Vorgänger. Anstelle des direkten Vorgängerverweises ist aber auch eine Verweisliste für die Knotenstruktur möglich. So erhalten wir eine neue Qualität, denn jeder Knoten kann jetzt eine beliebige Anzahl von Vorgängern und Nachfolgern haben. Die Vielfalt solcher Datenstrukturen erweitert sich erheblich. Aus den Knotenbäumen werden Knotennetze (Bild 54). Die Vorstellung von Prozeduren und Funktionen zum Aufbau und zur Analyse solcher Knotennetze erübrigt sich. Sie können vom interessierten Leser leicht durch kleine Änderungen in den Listings der Bilder 50, 51 und 52 erarbeitet werden.

Texteditor

Nachdem wir uns in den Teilen 4 und 5 ausreichend mit den Pointern vertraut gemacht haben, werden wir sie in der im weiteren vorzustellenden Lösung, einem kleinen Texteditor, ob ihrer Effektivität des öfteren wiederfinden. Mit Editoren hat praktisch jeder zu tun, der irgendwie mit einem Rechner arbeitet. Die Anzahl der vorhandenen Editoren scheint fast unbegrenzt. Und trotzdem gibt es viele Programmierer, die selbst bereits mehrere Editoren geschrieben haben. Warum ist das so? Jeder Programmierer beginnt seine Arbeit am Rechner mit einem, meist rein zufällig ausgewählten, Editor. Diesen beginnt er zu beherrschen, und seine Grundvorstellung von einem Editor wird geprägt. Nun sind aber Software-Entwickler die kritischsten Nutzer von Software überhaupt, und dieser erste Editor wird irgendwann irgendwelchen Wünschen nicht mehr genügen. Es beginnt die Suche nach dem optimalen Editor, den es aber offensichtlich nicht gibt. Das vorläufige Ende dieser Suche bei einem Programmierer ist eigentlich selbstverständlich: Er schreibt sich seinen eigenen Texteditor. Und dieser realisiert dann meist den Grundumfang des zuerst benutzten Editors, erweitert um die speziellen Wünsche des jeweiligen Software-Entwicklers.

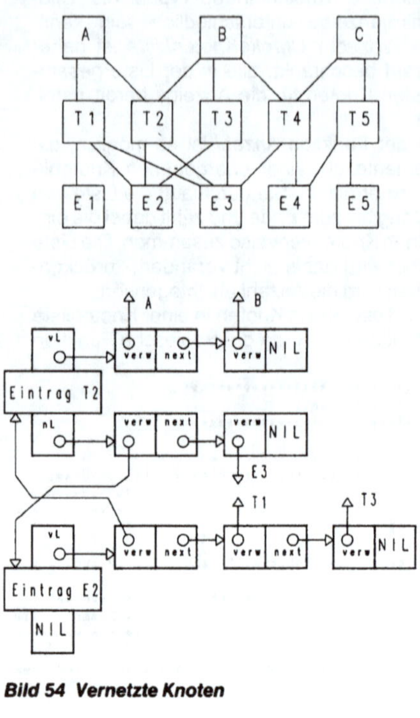

Bild 54 Vernetzte Knoten

Es gibt aber noch einen zweiten Grund, sich selbst einen Editor zu schreiben. Man braucht ihn als Quelltext, um ihn in eigene Programme einbinden zu können. Da dieses Problem nicht neu ist, existieren selbstverständlich Tool-Boxen zu diesem Thema. Aber diese meist erst für 16-Bit-Rechner angebotenen Lösungen haben oft eine Quelltextgröße von mehreren tausend Zeilen. Dieser Umfang resultiert meiner Meinung nach aus einem unnötigen Perfektionismus. Es erscheint daher einfacher, einen eigenen, kleinen Editor zu schreiben, als einen dieser *Riesen* zu kürzen und für eine Nutzung auf 8-Bit-Technik umzuschreiben.

Nun zur konkreten Lösung. Als erstes gilt es zu definieren, was ein Text ist, und wie er im Programm behandelt werden soll. In der im folgenden vorgestellten Lösung werden die Zeilen in Form einer dynamischen Listenstruktur gehalten. Die Zeilen stellen dabei ihrerseits Turbo-Pascal-Strings dar. Die maximale Länge der einzelnen Zeilen ist dabei für den gesamten Text gleich, und auf 100 Zeichen begrenzt. Die Anzahl der Zeilen, oder auch die Länge der Textzeilenliste, wollen wir durch den Hauptspeicher begrenzt lassen. Das heißt, ein Retten von Textteilen während des Editierens auf ein Massenspeichermedium ist in dieser einfachen Lösung nicht vorgesehen. Damit ist die Nutzbarkeit auf relativ kleine Texte eingeschränkt.

Die Unterscheidung und Identifikation der Texte erfolgt stets durch einen Zeiger auf ihre erste Zeile, das heißt auf das jeweils erste Element der Textzeilenliste. Auf Grundlage dieser Definition ist es dann auch möglich, mehrere Texte gleichzeitig im Hauptspeicher zu halten und wechselseitig mit den gleichen Funktionen oder Prozeduren zu behandeln. Um dies zu ermöglichen, wird jeder Teilkomponente der Lösung stets über einen Variablenparameter dieser Textkopf übermittelt.

Die einzelnen Komponenten der Lösung sind zur Erläuterung in einen Programmrahmen zusammengefaßt worden (Bild 56). Die Typvereinbarungen am Beginn des Programmes definieren die oben besprochene und zu behandelnde Listenstruktur. Die Variable Textkopf wird als Zeiger auf diese Liste genutzt. Die Anpassung an die konkrete Hardware wird, wie bereits des öfteren beschrieben, über ein entsprechendes Include-File (Bild 55) organisiert, das die benötigten Bildschirmsteuerzeichen und Tastencodierungen beinhaltet. Sie werden im weiteren vorausgesetzt. Weiterhin sind diesmal auch die Eingabeprozedur getkey und die Ausgabe writexy ausgelagert worden, um eine leichtere Anpassung an eine andere Hardware vorzubereiten. Die Funktion *inssatz* und die Prozedur *delsatz* sind für den satzweisen Auf- bzw. Abbau der Textliste im Hauptspeicher verantwortlich. Beiden Konstruktionen wird über den ersten Parameter mitgeteilt, mit welcher Liste sie arbeiten soll, da ja die Arbeit mit mehreren Listen möglich sein soll. Die Prozedur delsatz erhält im zweiten Parameter den Zeiger auf den zu löschenden Satz in der Liste. Der Funktion inssatz wird über die Parameter *vor* und *nach* eindeutig mitgeteilt, an welcher Stelle der Textliste ein neuer Satz eingefügt werden soll. Als Ergebnis von inssatz wird ein Zeiger auf den neuen Satz zurückgegeben.

Es folgen zwei Komponenten, die die Verbindung von den Textdateien auf der Diskette zu der Textliste im Hauptspeicher herstellen. Die Prozedur *Textsichern* ist in der Lage, einen Teil einer Textliste, der durch die Parameter *von* und *bis* eindeutig bestimmt ist, in eine Diskettendatei abzuspeichern. Soll die komplette Liste abgespeichert werden, so muß *von* auf den Textkopf zeigen und in bis muß NIL eingetragen werden. Die Funktion *Textlesen* gestattet die Umkehrung dieses Vorganges, und ist in der Lage, in eine bereits existierende Liste eine Diskettendatei einzufügen. Die genaue Stelle in der Liste ist durch die Parameter *vor* und *nach* bestimmt. Soll an den Anfang einer Liste herangelesen werden, so ist in vor der Zeigerwert NIL und in nach der Textkopf einzutragen. Für den Neuaufbau einer Textliste ist sowohl in vor wie auch in nach ein NIL anzugeben. Die Variable Textkopf wird von der Funktion in jedem Fall berichtigt zurückgegeben. Zur Bestimmung der Bildschirmzeile, in der die Fragen nach den Dateinamen erfolgen sollen, wird beiden Komponenten über y eine Zeilennummer übergeben.

Nun folgt mit der Funktion *Textedit* der Editor selbst. Ihm werden drei Parameter übergeben. Die ersten beiden bestimmen den Bildschirmbereich, in dem der Editiervorgang er-

```
     (* Vereinbarungen fuer  PC 1715   unter CPA  *)
const
  Nop         =   #00;    (*  Quasileeres Char      *)
  Enter       =   #13;    (*  Enter-Taste           *)
  Escape      =   #27;    (*  Escape-Taste          *)
  kursortief  =   #24;    (*  Kursortaste tief      *)
  kursorhoch  =   #05;    (*  Kursortaste hoch      *)
  kursorrechs=    #04;    (*  Kursortaste rechts    *)
  kursorlinks=    #08;    (*  Kursortaste links     *)
  pageup      =  #$12;    (*  Page up               *)
  pagedown    =  #$03;    (*  Page down             *)
  tablinks    =  #$01;    (*  Wort links            *)
  tabrechs    =  #$06;    (*  Wort rechts           *)
  DEL         =  #$7F;    (*  DEL - Taste           *)
  CE          =   #24;    (*  CE  - Taste           *)
  STaste      =    #2;    (*  S   - Taste           *)
  kursoron    =  #$82;    (*  Kursor ein            *)
  kursoroff   =  #$83;    (*  Kursor aus            *)
  normvideo   =  #$84;    (*  normale Darstellung   *)
  invsvideo   =  #$85;    (*  inverse Darstellung   *)
  intsvideo   =  #$86;    (*  intensive Darstellung *)
  ivitvideo   =  #$87;    (*  invers und intensiv   *)
  delrest     =  #$16;(* Zeile ab Position loeschen *)
  delline     =  #$18;(* ganze Zeile loeschen       *)
  clrscrc     =  #$0C;(* Loeschen ganzen Bildschirm *)
  cleardown   =  #$14;(* Loeschen ab Kursorposition *)

procedure getkey(var c:char);
   begin  read(kbd,c)    end;
procedure writexy(x,y:byte;s:string80);
   begin  gotoxy(x,y);   write(s)  end;
```

Bild 55 Vereinbarungen für den PC 1715

```
program editor;
type string80  = string[80];
     zeilentyp = string[100];
     pointer   =^pointr;
     pointr    = record s:zeilentyp;v,n:pointer end;
var  Textkopf,Heaptop:pointer;

{$I cons1715.inc}

function exist(s:string80):boolean;
  var d:file;
  begin assign(d,s);{$I-};reset(d);{$I+};
    if ioresult<>0 then exist:=false else exist:=true;
    close(d)
  end;

procedure delsatz(var Textkopf:pointer;aktu:pointer);
  begin
    if aktu^.v<>NIL then aktu^.v^.n:=aktu^.n
                    else Textkopf  :=aktu^.n;
    if aktu^.n  <>NIL then aktu^.n^.v:=aktu^.v;
    dispose(aktu) end;
function
inssatz(var Textkopf:pointer;vor,nach:pointer):pointer;
  var tem:pointer;
  begin
    if ((maxavail<85) and (maxavail>0))  then
      begin inssatz:=NIL;exit end;
    new(tem);tem^.n:=nach;tem^.v:=vor;tem^.s:='';
    if vor<>NIL  then  vor^.n:=tem else Textkopf:=tem;
    if nach<>NIL then nach^.v:=tem;
    inssatz:=tem end;

procedure Textsichern(y:byte;von,bis:pointer);
  var s,Dateiname:string80;
      d:text;
  begin if von<>NIL then begin
    writexy(55,y,'Datei-Sichern:'); read(Dateiname);
    if Dateiname<>'' then begin
      assign(d,Dateiname); rewrite(d);
      while((von<>NIL) and (von<>bis)) do
        begin writeln(d,von^.s); von:=von^.n end;
      close(d);
  end end end;

function Textlesen
  (y:byte;var Textkopf:pointer;vor,nach:pointer):pointer;
  var Dateiname:string80;
      d:text;
  begin if vor=NIL then Textkopf:=NIL;
    writexy(55,y,'Datei-Laden  :'); read(Dateiname);
    if exist(Dateiname) then begin
      assign(d,Dateiname); reset(d);
      while (not(eof(d))and((MaxAvail>85)or(Maxavail<0)))do
        begin
          vor:=inssatz(Textkopf,vor,nach); readln(d,vor^.s)
        end;
      if not(eof(d))then {Datei nicht komplett eingelesen!};
      close(d) end;
    Textlesen:=Textkopf
  end;
```

```
function Textedit(y0,ye:byte;Textkopf:pointer):pointer;
  var x,y,i:byte;c:char;znr:integer;
      Tem,aktu    :pointer;
  procedure schr(y:byte;aktu:pointer);
    begin writexy(1,y,aktu^.s+delrest) end;
  procedure schreiben(y:byte;poi:pointer);
    begin while (poi<>NIL) and (y<=ye) do
      begin schr(y,poi); y:=y+1; poi:=poi^.n end;
      if y<=ye then writexy(1,y,delline);
    end;
  procedure bild(y:byte;poi:pointer);
    begin while (y<>y0) and (poi^.v<>NIL) do
      begin y:=y-1; poi:=poi^.v end;
      if (y<>y0) then writexy(1,y-1,delline);
      schreiben(y,poi)
    end;
  function worttest:boolean;
    const fest :set of char = ['A'..'Z','a'..'z','0'..'9'];
    begin
      worttest:=((aktu^.s[x]in fest)and not(aktu^.s[x-1]in fest))
    end;
  procedure zeilv; begin aktu:=aktu^.v ;znr:=znr-1 end;
  procedure zeilp; begin aktu:=aktu^.n ;znr:=znr+1 end;

  begin    (* Begin des  Hauptblockes der Funktion Textedit *)
    write(kursoroff);
    if (Textkopf=NIL) then Textkopf:= inssatz(Textkopf,NIL,NIL);
    aktu:=Textkopf; znr:=1; x:=1; y:=y0; c:=#0;
    repeat for i:=y0 to ye+1 do writexy(1,i,delline);
     bild(y,aktu);
     repeat  gotoxy(35,ye+1);
       write(znr:4,' Spalte:',x:3,' DEZ=',integer(c):4,kursoron);
       gotoxy(x,y);getkey(c); write(kursoroff);
       case c of
        ^E,kursorhoch :if (aktu^.v<>NIL) then begin zeilv;
                         if y>y0 then y:=y-1
                              else schreiben(y,aktu) end;
        ^X,kursortief :if (aktu^.n<>NIL) then begin zeilp;
                         if y<ye then y:=y+1 else bild(y,aktu) end;
        ^D,kursorrechs:if x<80 then x:=x+1;
        ^S,kursorlinks:if x>1  then x:=x-1;
        ^A,Tablinks:if x>1 then
                      repeat x:=x-1 until worttest or(x=1)
                    else if (aktu^.v<>NIL) then begin zeilv;
                      x:=length(aktu^.v^.s)+1;
                    if y>y0 then y:=y-1 else schreiben(y,aktu)end;
        ^F,Tabrechs:if (x<=length(aktu^.s)) then repeat
                     x:=x+1 until worttest or (x>length(aktu^.s))
                    else if aktu^.n<>NIL then begin zeilp; x:=1;
                     if y<ye then y:=y+1  else bild(y,aktu)  end;
        pageup  :begin for i:=y0 to ye-1 do begin
                  if aktu^.v<>NIL then begin zeilv;
                    if y>y0 then y:=y-1 end end;
                  if y=y0 then schreiben(y,aktu)  end;
        pagedown:begin for i:=y0 to ye-1 do begin
                  if aktu^.n<>NIL then begin
                    zeilp;if y<ye then y:=y+1 end end;
                  if y=ye then bild(y,aktu) end;
        ^W      :begin if ((y<ye) and (aktu^.n<>NIL)) then y:=y+1
                  else if (aktu^.v<>NIL) then zeilv;
                  bild(y,aktu) end;
        ^Z      :begin if ((y>y0) and (aktu^.v<>NIL)) then y:=y-1
                  else if (aktu^.n<>NIL) then zeilp;
                  bild(y,aktu) end;
        enter   :begin znr:=znr+1;
                   Aktu:=inssatz(Textkopf,Aktu,Aktu^.n);
                   if x=1 then begin
                     aktu^.s := aktu^.v^.s; aktu^.v^.s:='' end
                   else begin
                     if (x)<length(aktu^.v^.s) then begin
                       Aktu^.s    := copy(Aktu^.v^.s,x,78);
                       Aktu^.v^.s:= copy(Aktu^.v^.s,1,x-1) end;
                     x:=1 end;
                   if y<ye then begin y:=y+1;
                     schreiben(y-1,Aktu^.v) end
                   else bild(y,Aktu) end;
        DEL     :if x>1 then begin
                   x:=x-1; delete(aktu^.s,x,1);schr(y,aktu) end
                 else if Aktu^.v<>NIL then begin
                   x:=length(Aktu^.v^.s)+1;
                   Aktu^.v^.s := Aktu^.v^.s + Aktu^.s;
                   Tem:=Aktu; zeilv; delsatz(Textkopf,Tem);
                   if y>y0 then y:=y-1;schreiben(y,Aktu) end;
        ^G      :begin delete(aktu^.s,x,1); schr(y,aktu) end;
        ^Y      :begin x:=1;
                   if aktu^.n<>NIL then begin
                     aktu:=aktu^.n; delsatz(Textkopf,aktu^.v);
                     schreiben(y,aktu) end
                   else if aktu^.v<>NIL then begin
                         aktu:=aktu^.v;delsatz(Textkopf,aktu^.n);
                         bild(y,aktu) end
                        else begin aktu^.s:=''; schr(y,aktu) end
                 end;
        ^N      :begin x:=1;aktu:=inssatz(Textkopf,aktu^.v,aktu);
                   schreiben(y,aktu) end;
        ' '..#126:begin
                 while length(aktu^.s)<x do aktu^.s:=aktu^.s+' ';
                 insert(c,aktu^.s,x);schr(y,aktu);
                 if x<80 then x:=x+1 end;
      end; { case }
     until c in [^K,#27];
     writexy(1,ye+1,
   'S-ichern R-Lesen D-Sichern&Ende Q-uit J-ump'+delrest+kursoron);
     getkey(c);c:=upcase(c);
     case c of
      'D','S',^D,^S: Textsichern(ye+1,Textkopf,NIL);
      'J'   : begin writexy(65,ye+1,'Jump-to: ');readln(i);
               while (i<>znr)and(i<>0) do
                 if (znr<i) then
                   if aktu^.n<>NIL then zeilp else i:=0
                 else if aktu^.v<>NIL then zeilv else i:=0
              end;
      'R'   : Textkopf:=Textlesen(ye+1,Textkopf,aktu,aktu^.n) end;
    until c in ['Q','D','X',^Q,^D,^X,#27];
    Textedit:=Textkopf;
  end; { Textedit }

begin { Hauptprogramm }
  mark(Heaptop);clrscr;
  Textkopf:=Textlesen(24,Textkopf,NIL,NIL);
  Textkopf:=Textedit (1,23,Textkopf);
  release(Heaptop);
end.
```

Bild 56 Texteditor

folgen soll. Über den Parameter Textkopf wird, wie bereits beschrieben, die Textzeilenliste übergeben. Soll ein neuer Text eingegeben werden, muß hier NIL stehen. Der Ergebniswert der Funktion Textedit ist ein Zeiger auf die geänderte Liste.

Die lokalen Variablen der Funktion Textedit werden wie folgt genutzt: X und y sind die jeweils aktuelle Bildschirmposition des Kursors, x bestimmt damit auch die aktuelle Änderungspostion im jeweiligen String. Die Zeichenvariable c dient der Tastaturabfrage und damit der Funktionssteuerung. In der Integerzahl *znr* wird die aktuelle Zeilennummer mitgezählt. Mit der Pointer-Variablen *aktu* wird das jeweils in Arbeit stehende Textlistenelement identifiziert. *Tem* ist eine temporär genutzte Variable. Einige wenige Teilaufgaben sind als lokale Prozeduren oder Funktionen programmiert. Sie haben folgende Aufgaben:

Die Prozedur *schr* schreibt die Zeile des mit aktu identifizierten Listenelementes auf die mit y bestimmte Zeile des Bildschirmes und löscht den Rest der Zeile. Der Prozedur *schreiben* wird die aktuelle Bildschirmzeile und das aktuelle Listenelement übergeben. Von dieser Zeile an aktualisiert die Prozedur das Bildschirmaussehen anhand der Textliste. Die Prozedur *bild* erhält als Parameter die gleichen Informationen. Sie aktualisiert aber den gesamten Bildschrim. Dem wortweisen Springen beim Editieren dient die Funktion *worttest*. Durch die Prozeduren *zeilv* und *zeilp* im Funktionskörper wird die starre Kopplung zwischen der zu bearbeitenden Textliste und dem Zeilenzähler *znr* generell garantiert.

Im Anweisungsteil der Funktion wird nun präzise definiert, welche Tastatureingabe welche Reaktion des Editors hervorruft. Die schwierigste Aufgabe dabei ist die ständige Übereinstimmung von Bildschirmaussehen und Textinhalt. Das eigentliche Editieren erfolgt in der inneren Repeat-until-Schleife, die fast nur aus einer Case-Verzweigung besteht. Die äußere Schleife beinhaltet zusätzliche komplexere Funktionen und kann noch viel weiter ausgebaut werden. Das hier organisierte Abspeichern (∧KD) und Lesen (∧KR) von Diskettendateien ist das notwendige Minimum. Das zusätzlich aufgenommene Springen (∧KJ) auf eine konkrete Zeile soll die Möglichkeit von Erweiterungen nur andeuten.

Schluß

✉ KONTAKT ☏

Manfred Zander, Schäferstraße 11, Dresden, 8010

Systeme mit System — Teil 3

Scheibenbremsen nicht gefragt

PC-Harddisk-Systeme

Michael Wilde

Preis und Leistung werden von der Speicherkapazität der Platte und der Geschwindigkeit des Gesamtsystems bestimmt, das aus Platte, Controller und Rechner besteht. Man sollte seine Bedürfnisse anhand der geplanten Anwendungen möglichst exakt ermitteln, denn unbedachte Überdimensionierung kann den Preis sprungartig hochschnellen lassen, während übertriebene Genügsamkeit die restlichen Komponenten des Rechners behindert.

Platz muß sein

Weniger als 20 MByte Plattenkapazität sind selbst in einfachen XTs heute nicht mehr sinnvoll, auch wenn der Aufstieg von einem 360-KByte-Diskettenlaufwerk auf eine gebrauchte 5- oder 10-MByte-Platte anfangs begeistern mag. Die Praxis zeigt aber, daß man beim Umstieg auf Festplatte eine neue Arbeitsweise entwickelt. Innerhalb kurzer Zeit benutzt man Disketten nur noch zum Datentransfer und als Backup-Medium. Auch mit Selbstdisziplin speichert man viel mehr auf der Platte, als man eigentlich im ständigen Zugriff haben muß.

So bestimmt letztlich die Gesamtheit der Anwendungen, die regelmäßig auf dem Rechner laufen sollen, den realen Bedarf an Plattenkapazität. Beispielweise stößt ein reines Textverarbeitungssystem auf einem XT nicht so bald an die Grenzen einer 20-MByte-Platte. Handelt es sich jedoch um ein universell eingesetztes Gerät, auf dem auch längere Texte geschrieben und Programme entwickelt werden sollen, so kann selbst der Hobby-Anwender schon mal die Meldung „Disk full" bekommen.

Jedes „bessere" Anwenderprogramm und sogar Spiele schlucken heutzutage gleich einige MByte. Installationsprogramme laden Mengen an Drucker-, Bildschirm-, Maus- und Tastaturtreibern auf die Platte, obwohl nur je einer gebraucht wird. Wen kümmert schon, daß DOS auch einer 10 Byte langen Datei 2KByte Plattenspeicher zuweisen muß, weil das die kleinste Verwaltungseinheit (Cluster) ist.

Programme wie Datenbanken sammeln stetig wachsende Datenbestände an. Es ist ratsam, sich vor der Plattenanschaffung zu informieren, wieviel Kapazität eine anvisierte Anwendung für einen geplanten Anwendungsfall auf längere Sicht erfordert. Zum einen kann man bei „Plattenüberlauf" nicht einfach Daten auf Disk auslagern, zum anderen bekommt man Plattenkapazität nur in Sprüngen von etwa 20, 40, 80 MByte bei MFM- und 30, 60, 90 MByte bei RLL-Platten, und die Preise machen diese Sprünge ungefähr mit.

Geschwindigkeit

Für den Anwender zählen nicht irgendwelche Spitzenwerte, die die Plattenhersteller auf dem Prüfstand ermittelt haben. Sein System aus Rechner, Controller und Platte bestimmt als Ganzes, wie schnell er Daten speichern und zurückholen kann. Die von Plattenherstellern gern herausgestellte „mittlere Zugriffszeit" sagt zum Beispiel nur aus, wie schnell sich der Kopfträger einer Platte bei Spurwechseln über die Platte bewegt. Je schneller das geht, desto besser ist das fraglos, es gibt aber bedeutend wichtigere Parameter.

Eine der wichtigsten Größen ist die Datentransferrate, deren Grenze von einfachen physikalischen Gesetzmäßigkeiten bei der Datenaufzeichnung vorgegeben wird. Die Festplatte besteht aus mehreren magnetisierbaren Scheiben, auf denen die gespeicherten Daten in kreisförmigen Spuren lagern. Eine Spur ist beim PC in mehrere Sektoren von 512 Byte Länge unterteilt.

Aufzeichnungsverfahren

Die beiden gebräuchlichsten Aufzeichnungsverfahren sind MFM (Modified Frequency Modulation) und RLL (Run Length Limited). RLL ermöglicht eine höhere Datendichte als MFM, es passen folglich mehr Sektoren in eine Spur. Zu MFM-Platten gibt es vom selben Hersteller fast immer baugleiche RLL-Versionen mit Plattenoberflächen höherer Güte. Während man unbesorgt eine RLL-Platte auch an einem MFM-Controller betreiben kann (unter Verlust der Vorteile, die die RLL-Datendichte bringt), beschert der Betrieb von MFM-Platten an RLL-Controllern meist nach kurzer Zeit eine Fülle defekter Sektoren.

Die maximale Datenrate läßt sich aus der Sektorzahl (17 bei MFM, meist 26 bei RLL), der konstanten Drehzahl (60 Umdrehungen pro Sekunde) und den Bytes pro Sektor ermitteln. Bei MFM-Platten erreicht man folglich maximal 522, bei RLL-Typen 799 KByte/s. Moderne Systeme wie SCSI- und ESDI-Platten arbeiten intern mit einer noch höheren Datendichte (meist Advanced-RLL, auch ARLL), wodurch sie weit über 30 Sektoren in der Spur unterbringen. Dementsprechend steigt die maximale Datenrate, sofern die Drehzahl der Platte nicht auf 50 Umdrehungen pro Sekunden verringert wird.

Interleave

Selbst ein schneller 80386-AT schafft es nicht, alle Sektoren einer Spur in nur einer Plattenumdrehung zu lesen. Nachdem das DOS einen Sektor vom Controller entgegengenommen und richtig im Speicher plaziert hat, ist beim Anfordern des Folgesektors dessen Anfang gerade unter dem Lesekopf vorbeigerauscht und erst nach einer vollen Plattenumdrehung wieder zugänglich. Damit sinkt die optimale Datenrate auf einen Sektor pro Umdrehung, als ein 17tel oder 26stel der oben angeführten Werte.

Hätte man im obigen Beispiel verlangt, die Daten in der Reihenfolge Sektor 1, Sektor 3, Sektor 5 zu lesen, dann wäre man nach zwei Plattenumdrehungen fertig. Genau dieser Trick, genannt Interleaving oder Sektorversatz, wird auch angewandt, wobei die Sektornumerierung schon auf der Platte durch die physikalische Formatierung geändert wird, im Beispiel also auf einen Interleave-Faktor von 2, mit dem auch 80286-ATs an MFM-Controllern zurechtkommen. Langsamere Rechner (XTs) brauchen einen größeren Interleave-Faktor (XTs etwa 4 bis 5), weil die Verwaltung durch DOS länger dauert. Dementsprechend sinkt auch die Datentransferrate bei Interleave 5 auf ein Fünftel des Maximalwertes. Macht man den Interleave-Faktor jedoch zu klein, wird der Folgesektor stets verpaßt, und schlagartig hat man den höchstmöglichen Interleave und die geringstmögliche Datentransferrate eingestellt.

Ein Puffer im Harddisk-Controller, der mehrere Folgesektoren zwischenspeichert, lokkert die starre Kopplung zwischen zeitlicher Sektorabfolge und Zugriffsmöglichkeit seitens des Rechners. Der Controller füllt permanent den Puffer mit Folgesektoren, die er dann auf Anfrage sofort parat hat. Mit solchen Controllern kann man gefahrlos 1:1 wählen (sie werden deshalb 1:1-Controller genannt) und kommt damit auch recht dicht an die theoretischen Maximalwerte heran.

1:1-Controller sind nur unwesentlich teurer als die ungepufferten Kollegen, mit denen man nicht über einen Interleave von zwei hinauskommt. Der Preis für die dreifache Leistung (RLL-1:1 statt MFM 1:2) beträgt aber bei weitem nicht das Dreifache, sondern oft nur 10 bis 20 Prozent mehr. Achten Sie aber darauf, daß die Software zum Formatieren mit diesem Interleave dabei ist, wenn der Controller kein ROM-BIOS mit internem Formatter hat.

Für XTs gibt es unseres Wissens keine vollwertigen 1:1-Controller (die dürften XTs auch nicht ausnutzen können), aber man erreicht zum Beispiel mit Omti-Controllern (einige gepufferte Sektoren) bei RLL etwa Raten von 300 KByte/s. Den jeweils kleinstmöglichen Interleave kann man durch physikalisches Neuformatieren und Messen der Datenrate selbst herausfinden, Programme wie SpinRite zum Beispiel machen das sogar, ohne die Daten dabei zu löschen.

BIOS-Fragen

Auf dem XT-Controller befindet sich in einem eigenen ROM-BIOS alles Wissen, das die CPU braucht, um damit eine Festplatte zu steuern. Ein Standard-AT-Controller mit ST412/506-Schnittstelle wird jedoch vom AT-BIOS direkt bedient, das dazu eine Liste von verschiedenen Festplattenparametern vorrätig hält – allerdings grundsätzlich keine für RLL-Festplatten mit 26 Sektoren.

Aus dem Grund haben alle AT-RLL-Controller doch ein eigenes BIOS, in dem meist außer einem Installationsteil zur Eingabe der Plattenparameter noch ein Formatierprogramm residiert. Seine Hauptaufgabe besteht darin, auf der Platte selbst deren Parameter zu notieren, um sie beim Kaltstart dem AT-BIOS als die gültigen Parameter unterzuschieben.

Manche Software mag aber Platten mit 26 Sektoren nicht, selbst wenn man die Plattenparametertabelle im BIOS-ROM umpatcht (Novell Netware zum Beispiel). Das FDISK von DOS, das AT-ROM-BIOS und einige ältere Kombi-Controller sind ferner aufgeschmissen, wenn eine Platte mehr als 1024 Zylinder hat. Das hat zur Folge, daß man solche Platten damit nicht vollständig ausnutzen kann, also Speicherplatz verschenkt. Pfiffige Controller (etwa von Data Technology) rechnen dann in einem Emulationsmodus einfach die Plattenparameter auf mehr Köpfe um, so daß selbst das AT-BIOS fest daran glaubt,

eine Platte habe nur 17 Sektoren oder weniger als 1024-Zylinder.
Ein XT-Controller im AT kann eine sehr schlechte Wahl sein: Ein Omti-RLL-Controller, der bei uns 300 KByte/s in einem 8-MHz-XT brachte, schaffte nur 200 KByte in einem 8-MHz-AT (1 Wait). Im XT ist der vom Controller-BIOS unterstützte DMA-Transfer die richtige Lösung, weil er weitaus schneller als über Prozessor-I/O-Befehle abläuft. Der AT-Kombi-Controller wird jedoch vom AT-BIOS über 16-Bit-I/O-Befehle wesentlich effizienter angesteuert. Die Gründe: Die DMA des AT wird zwar mit fast gleichem Takt wie im XT betrieben, verliert aber bei einem Wait-State ein Drittel Geschwindigkeit gegenüber dem XT. Auch wird der Code im EPROM des Controllers (8 Bit breit, Waits durch Umsetzung auf 16-Bit-Bus der CPU) extrem langsam ausgeführt.

Unterlagen

Achten Sie beim Kauf einer gebrauchten Platte darauf, daß Ihnen der Verkäufer ein Datenblatt oder zumindest die Parameter mitgibt, die Sie auf ATs für das Setup beziehungsweise auf XT-Controllern beim physikalischen Formatieren angeben müssen. Es gibt kein Testprogramm, das diese Parameter selbst ermitteln könnte. Schreiben Sie sich diese Parameter und die Nummer des Setup-Eintrags am besten aufs Plattengehäuse, falls Ihre CMOS-Uhr mal vergeßlich wird. Wenn Sie ein neues Komplettsystem erwerben, achten Sie darauf, daß Sie zu Platte und Controller vernünftige Unterlagen bekommen.

Schnittstellen

Platten und Controller (RLL und MFM) mit ST412/506-Schnittstelle sind zur Zeit im PC-Markt dominant und am preisgünstigsten. Gespanne aus ESDI-Controller und -Platte sind etwas schneller als RLL-1:1-Lösungen, allerdings wenig verbreitet.
SCSI bietet auf lange Sicht die schnellstmöglichen und vielseitigsten Systeme, auch wenn die Aufzeichnungsdichten heutiger Platten noch kaum Vorteile gegenüber ESDI-Varianten bieten können. Obwohl SCSI-Lösungen heute noch deutlich teurer als ESDI-Kombinationen sind, wird die jetzt schon spürbare Akzeptanz von SCSI die Verbreitung wachsen und damit die Preise bald purzeln lassen.
An der SCSI-Schnittstelle lassen sich theoretisch acht beliebige Geräte anschließen, also nicht nur Festplatten, sondern auch etwa Streamer, optische Platten oder Laserdrukker. Besonders wenn Sie sich für eine Platte mit hoher Speicherkapazität entschieden haben, bei der ein Backup über Disketten nur noch schlecht möglich ist, sollten Sie die Anschaffung eines Systems mit einem Universal-SCSI-Controller in Erwägung ziehen. Solche gibt es beispielsweise von Future Domain, Western Digital und Adaptec, preislich liegen sie um 1 000 DM. Der Low-Cost-SCSI-Adapter von Seagate (unter 100 DM) unterstützt hingegen nur zwei Platten und auch nur solche aus dem eigenen Hause.
Einige Comupterhersteller (zum Beispiel Compaq, Commodore, Zenith) rüsten ihre Rechner mit hausgemachten Schnittstellen aus. Diese haben eine gewisse Ähnlichkeit mit SCSI, das heißt, das Interface auf der Rechnerseite ist sehr einfach (und preiswert), die hauptsächliche Controller-Elektronik liegt auf der Platte. Gegen eine solche Lösung wäre nichts einzuwenden, wenn Schnittstelle und Ansteuerung einheitlich wären. Zur Zeit jedoch ist man auf einige wenige Plattentypen – wenn nicht gar völlig auf teure Spezialversionen des Computerherstellers – festgenagelt.
Prüfen Sie in solchen Fällen genau das Angebot möglicher Platten und deren Preise. Es kann (vor allem bei späteren Erweiterungen) günstiger sein, ein Plattensystem mit Standard-Schnittstelle separat zu erwerben. Dazu müssen Sie aber vor dem Kauf definitiv klären, daß sich der interne Harddisk-Controller entfernen oder zumindest abschalten läßt.

Aufrüsten

Die Harddisk-Controller lassen fast immer den Anschluß einer zweiten Platte zu, wobei die neue Platte technisch (MFM, RLL, SCSI, ESDI oder „Hausmarke") definitiv zum Controller passen muß. Jedoch hängt es vom Gehäuse und der Bauhöhe der ersten Platte ab, ob dafür noch Raum ist. Die meisten (aber nicht alle) Gehäuse lassen den Einbau von vier Laufwerken (zwei Harddisks, zwei Floppies) in halber Bauhöhe zu, eine Harddisk in voller Bauhöhe verringert diese Anzahl auf drei.
In einem AT mit 20-MB-Platte und MFM-1:2-Controller sollte man sich überlegen, ob bei größeren Aufrüstungen (plus 40 MByte) nicht der Verkauf der alten Kombination aus Platte und Controller und die Anschaffung einer RLL-1:1-Kombination der reizvollere Weg ist. Diese Lösung ist etwa dreimal schneller, läßt noch Raum für eine weitere Platte und belastet das Netzteil geringer.
Der Parallelbetrieb zweier gleichartiger Controller in einem Rechner ist nicht möglich, doch arbeiten zum Beispiel einige Standard- und SCSI-Controller nebeneinander. Eine solche Zusammenarbeit ist aber keineswegs sicher und sollte vor einem Kauf intensiv erprobt werden.
3,5-Zoll-Platten werden im unteren Kapazitätsbereich (bis 200 MByte) über kurz oder lang die Typen mit 5,25-Zoll-Formfaktor völlig verdrängen. Vor allem die neuesten Ausführungen sind dabei deutlich leiser als ihre größeren Geschwister. Platten haben vom Hersteller spezifizierte Einbaulagen, das heißt, man darf sie beispielsweise nicht „auf dem Kopf" montieren, weil dabei Lagerschäden entstehen können. (gr)

/1/ D. Grell, Sektorroulette, Optimaler Interleave-Faktor bei Festplatten, c't 2/89, S. 128

Nervensägen kontra Laser-Show

Drucker von Typenrad bis Laser

Eckart Steffens

Die Qualität und Geschwindigkeit heutiger Matrixdrucker ist bereits im Bereich um 400 DM so hoch, daß man sie nicht gegen ein Profi-Modell tauschen würde, das vor fünf Jahren 2 000 DM gekostet hat. Dennoch gibt es auch heute noch deutliche Unterschiede in Preis, Leistung, Geräuschentwicklung, Einsatzeignung und Betriebskosten.

Zeichen wie gedruckt

Der Typenraddrucker wurde direkt von der Schreibmaschine abgeleitet; ein Schriftzeichen auf dem Typenrad wird direkt auf das Papier geschlagen. Der Druck erfolgt zeilenweise, bei relativ niedriger Druckgeschwindigkeit – etwa 25 Zeichen pro Sekunde. Typenraddrucker sind echte Schönschriftdrukker, bei denen sich mit nur wenigen Handgriffen das Typenrad gegen ein anderes austauschen und damit die Schrifttype wechseln läßt.
Wie Typenraddrucker gehören auch Matrixdrucker zur Gruppe der sogenannten Impact-Drucker, bei denen Zeichen durch mechanischen Anschlag zu Papier gebracht werden. Dadurch können sie Belege mit Durchschlägen drucken. Beim Matrixdrucker wird ein Zeichen jedoch nicht als Ganzes angeschlagen, sondern aus einer Pünktchenmatrix (zum Beispiel 5 × 9 Punkte) zusammengesetzt. Jeweils eine Pünktchenspalte wird dabei auf einmal gedruckt, für ein Zeichen benötigt der Drucker im Vorbeifahren daher maximal fünf Anschläge.
Damit muß er zwar mehr Arbeit leisten als ein Typenraddrucker, doch da eine erheblich kleinere Masse bewegt werden muß (die Drucknadeln sind sehr klein und leicht), kann der Anschlag auch sehr schnell erfolgen. Tatsächlich schaffen durchschnittliche Nadeldrucker bis zu 100 Zeichen/Sekunde, in der gehobenen Klasse 250 bis 300; Spitzenmodelle sind sogar mit 600 Zeichen/s und mehr zu bekommen. Die Qualität des Ausdruckes ist allerdings durchaus dürftig und eher für Tabellen und Kontrollausdrucke geeignet – mit dem Schriftbild der Typenradler kann die eines 9-Nadlers nicht konkurrieren. Damit das Schriftbild wenigstens für Briefe taugt, werden Drucker mit „Near Letter Quality" gebaut. Sie erzeugen durch einen doppelten, leicht versetzten Überdruck der Zeile ein wesentlich geschlosseneres Schriftbild, eben fast Schönschrift.

Je mehr, desto besser?

Um das Schriftbild weiter zu verbessern, verfeinerte man die Druckmatrix, indem man die Zahl der Drucknadeln im Druckkopf auf 24 erhöhte. Die Near Letter Quality, für die die 9-Nadler noch zwei Überdrucke benötigen, schaffen sie in einem Schnelldruckdurchgang, und bei verringerter Druckgeschwindigkeit verbessert sich die Ausgabequalität auf echte Briefdruckqualität. Mit Karbon- statt Textil-Farbbändern erreicht man eine noch bessere, gleichmäßig schwarze Deckung des Schriftbildes.
Nicht mehr nur zwischen Draft (Schnelldruck)

und LQ (Schönschrift) läßt sich bei heutigen Modellen wählen: Mehrere eingebaute Fonts (Schriftarten), die in einem EPROM geräteintern gespeichert sind und sowohl über ein Bedientableau als auch softwaremäßig angewählt werden können, sind selbst im Bereich unter 1 000 DM üblich. 48-Nadel-Drukker gibt es mittlerweile auch, jedoch sind sie noch in höheren Preisregionen angesiedelt.

Nicht klotzen, kleckern!

Matrixdrucker sind schnell, schönschriftfähig und eignen sich auch für Grafikausgabe. Doch gerade dabei ist die Lärmbelastung ganz erheblich. An Arbeitsplätzen, wo permanent ein solcher Drucker vor sich hin „sägt" (oder ein Typenradler hämmert), läßt sich das Betriebsklima nur mit Hilfe von Lärmschutzhauben heiter gestalten.
Ein Tintenstrahldrucker hat solche „Zusatzmaßnahmen" nicht nötig. Auch seine Zeichen werden aus einer Druckmatrix zusammengesetzt, wobei Tinte aus feinen Düsen (24, manchmal 48) auf das Papier gesprüht wird. Da kein Anschlag erfolgt und der Druckkopf das Papier nicht berührt, arbeitet der Drucker nahezu geräuschlos: Nur Papiervorschub und Druckkopfbewegung sind hörbar. Mit ihrer hohen Auflösung sind Tintenstrahldrucker echte Schönschriftler. Zugleich sind sie schnell und ihre Ausdrucke dokumentenecht, aber Durchschläge sind mit diesem Verfahren natürlich nicht zu erstellen.
Durchschläge ermöglichen auch die Thermodrucker nicht. Beim Thermodruck werden die einzelnen Druckkopfsegmente kurzeitig erhitzt, so daß sich das thermisch sensitive Papier an diesen Stellen verfärbt. Einige portable „Druckerschreibmaschinen", Tischrechner, Scanner-Kopierer und fast alle Telefaxgeräte arbeiten mit dieser Technik. Standardgeräte erreichen Auflösungen bis 200 dpi (Punkte pro inch), höhere Auflösungen sind erreichbar.
Thermotransferdrucker arbeiten ganz ähnlich, dabei wird aber ein spezielles Farbband benutzt, dessen erhitzte Punkte auch auf normalem Papier haften bleiben und zu sehr gleichmäßiger Deckung führen (wie Karbonband bei Typenradmaschinen). Ihre Druckqualität liegt daher über der von Tintenstrahldruckern.
Alle Arten von Thermodruckern sind Zeilendrucker und arbeiten sehr leise, verursachen jedoch ungleich höhere Druckkosten als andere Modelle, da entweder Spezialpapier (Thermopapier) oder Einmal-Thermofarbband benötigt wird.

Seite für Seite

Typenrad-, Matrix-, Tintenstrahl- und Thermodrucker verarbeiten Einzelblätter, Endlospapier, Etiketten und was sonst alles an Formularen angeboten wird. Der Einzug erfolgt mit der Walze (für Umschläge und Einzelblätter), über einen sogenannten Traktor (für die perforierte Führung bei Endlosformularen) oder einen Einzelblattschacht (für geschnittene Formate wie A4-Papier). Der Zubehörhandel hält vielerlei Ergänzungen für Sie bereit.
Bei Laserdruckern werden nur geschnittene Formate verarbeitet, allenfalls Umschläge können als „Einzelblatt" zugeführt werden. Auch die Drucktechnik unterscheidet sich von den vorgenannten Modellen beträchtlich: Hier wird nicht zeilenweise, sondern jeweils eine komplette Seite in einem Durchgang bedruckt – es kann also auch beliebig auf dieser

Etwas „dramatisiert" (nämlich aus Sicht eines Laserdrucker-Herstellers), aber anschaulich: die Unterschiede stark vergrößerter 10-Punkt-Schrift verschiedener Drucktypen.

Seite positioniert werden. Auch komplexe Grafiken sind so kein Problem, und mit der hohen Auflösung von 300 dpi erlauben Laserdrucker hochqualitative Ausdrucke. Laserdrucker sind dabei recht leise, aber auch sie müssen ohne Durchschlag auskommen. Neuere Modelle verwenden statt des Lasers auch eine LED-Zeile oder ein LCD-Shutter zum Belichten. Das hat auf das Druckergebnis keinen Einfluß, macht diese Modelle aber etwas preiswerter.

Schnittstelle und Emulation

Zwei Standard-Schnittstellen haben sich für den Druckeranschluß an den Rechner durchgesetzt: RS-232-C für die serielle Datenübermittlung, bei der parallelen Datenübermittlung der Vorschlag der Firma Centronics (weshalb man hier auch von der Centronics-Schnittstelle spricht).
Bezüglich Steuerkommandos, Schriftarten und so weiter jedoch gilt seit jeher: „Jeder Drucker ist anders". Softwarehersteller kompensieren das, indem sie zu ihren Produkten sogenannte Druckertreiber ausliefern, Anpassungsprogramme also, die die Ausgabe so formatieren, daß der angeschlossene Drucker sie versteht und das „richtige" Ergebnis zu Papier bringt.
Umgekehrt sind fast alle Drucker heute ihrerseits in der Lage, das Verhalten anderer Drucker nachzubilden, zu „emulieren", und so eventuelle Anpassungsprobleme im Hinblick auf verfügbare Treiber weiter zu verringern. Typenrad-Emulationsstandards wurden durch Qume- und Diablo-Geräte gesetzt, sie sind vor allem für Textverarbeitungszwecke von Bedeutung. Matrixdrucker-Standards setzten Epson mit der Druckersprache ESC/P und IBM. Die Laserdrucker-Standards gehen vor allem auf Hewlett Packard mit dem Laserjet und der HP Printer Control Language sowie Canon zurück, deren Druckwerke sich bei vielen Anbietern unter der Haube tummeln.
Ein anderes Problem, nur auf den zweiten Blick erkennbar, ist der Zeichensatz. So haben zum Beispiel Macintosh, IBM PC, Atari ST und Commodore Amiga für die Sonderzeichen oberhalb 128 (zu denen auch die deutschen Umlaute gehören) nicht nur zum Teil deutlich andere Codes, sondern auch einen völlig abweichenden Zeichenvorrat. In der Regel müssen Zeichensätze am Drucker unabhängig von der Emulation gesondert eingestellt werden. Mit IBM- und Epson-Zeichensatz, bei Laserdruckern Roman-8, klappt's in den meisten Fällen.

Welcher Drucker für wen?

Für gelegentliche Ausdrucke von Text und Grafiken bei einer Auflösung um 120 dpi und einer geringen Belastung des Budgets empfiehlt sich durchaus ein einfacher 9-Nadel-Matrixdrucker ab etwa 400 DM. Von Geräten in dieser Preisklasse sollte man keine Wunder an Langlebigkeit erwarten, bei einem mehrstündigen Non-Stop-Ausdruck schaltet auch schon mal die Übertemperatursicherung ab. Streßfähige Modelle für den rauhen Profi-Einsatz findet man oberhalb 1 000 DM. Ein Gerät, das normale A4-Formate, auch endlos, verarbeiten kann, ist im allgemeinen hinreichend. Ausführungen für Breitformate (A4 quer) gibt es zwar auch, allerdings selten im Low-Cost-Bereich.
Wenn keine längeren Listings zu drucken sind, dann eignet sich für gelegentliche Schönschreib-Exerzitien auch eine relativ langsame (15 Zeichen pro Sekunde) Typenrad-Schreibmaschine mit Computer-Interface (800 bis 1 800 DM). Gegenüber einem echten Typrenraddrucker hat sie sogar den Vorteil, daß man sie auch weiterhin per Hand bedienen kann, etwa um knifflige Formulare auszufüllen.
Als schnelle Schönschriftler mit vielen Fonts eignen sich vor allem 24-Nadel-Matrixdrukker (1 000 DM bis 3 000 DM), Tintenstrahl- oder Thermodrucker (1 500 bis 4 000 DM). Lediglich die Ausgabe einer Grafik ist mit diesen Geräten etwas lästig, weil die Vorlage ja zeilenweise zerlegt und ausgedruckt werden muß.
Seitendrucker wie Laser-, LCD- oder LED-Drucker haben es da leichter, sie können eine Seite auf einmal belichten. In der Grundausstattung sind diese Modelle meist aber nicht mit genügend Speicher versehen (mindestens 1,5 MByte), um eine komplette Grafikseite aufbauen zu können. Dennoch sind die zunehmend im Preis fallenden Seitendrucker (Grundgeräte sind bereits unter 2 500 DM erhältlich) eine starke Alternative zu allen anderen Modellen, denn sie sind sauber, leise, schnell und erzeugen in Verbindung mit leistungsfähiger Software durchaus druckfähige Vorlagen.
Laserdrucker werden aber schnell teuer (5 000 bis 15 000 DM), wenn man nach Versionen Ausschau hält, die eine Seitenbeschreibungssprache wie etwa Postscript beherrschen. Diese sind dann mit einem weitaus aufwendigeren Controller und minimal 3 oder 4 MByte Speicher ausgestattet, was man definitiv nur für professionelles Desktop Publishing braucht. Sucht man nur einen leisen Seitendrucker mit den Möglichkeiten eines guten Matrixdruckers, tut es ein ganz simples Basismodell.
Bei den laufenden Betriebskosten liegen Drucker, die mit Textilfarbbändern auskommen, am günstigsten, also Matrix und Typenrad. Dann folgen Tintenstrahldrucker, die mit einer Füllung für 65 DM etwa 3 Millionen Zeichen schaffen. Laserdrucker-Kartuschen für etwa 300 DM halten ungefähr 6 Millionen Zeichen durch. Führend sind Thermotransfer-Drucker: ein 30 bis 40 DM teures Einmal-Farbband reicht nur für 200 000 bis 300 000 Zeichen. (gr)

Schluß

Nachdruck aus c't – Magazin für Computertechnik, Heft 1/1990

Berechnung einer zur Run-Time eingegebenen Funktion

Peter Fölsche, Zerbst

Bei vielen Anwendungen erhöht es den Komfort und die Vielseitigkeit des Programms, wenn eine variabel zu berechnende Funktion im Dialog mit dem Programm eingegeben werden kann, anstatt sie in den Programmtext einbinden und neu compilieren zu müssen. Letztere Variante ist insbesondere bei Nutzern ohne Kenntnisse des Programms oder der verwendeten Sprache untauglich. Bisher wurde dieses Problem durch einen Interpreter gelöst. Das hatte die Nachteile eines höheren Softwareaufwandes und einer geringeren Rechengeschwindigkeit gegenüber der Berechnung durch einen Code, der durch einen Compiler erstellt wurde.

Ich möchte Ihnen im folgenden zwei Varianten demonstrieren, die *keinen* Interpreter benutzen, sondern den zu Turbo-Pascal 4.0/5.0 gehörenden Kommandozeilen-Compiler TPC.EXE. Mit der ab Turbo-Pascal 4.0 vorhandenen Prozedur

Exec (Path : String; ComLine : String)

kann ein Programm vom laufenden Programm aus wie eine Prozedur gestartet werden. Das heißt, nach Abarbeitung des aufgerufenen Programms läuft das aufrufende Programm mit dem nach *Exec* folgenden Befehl weiter. Damit ist es innerhalb eines laufenden Programms prinzipiell möglich, eine Funktion als String einzulesen, diesen String in ein vorbereitetes Pascal-Textfile *Name.pas* einzubinden, das Pascal-Textfile mit

Exec ('TPC.EXE', 'Name.pas')

zu compilieren und das entstandene Exe-File mit Exec aufzurufen. Bei Verwendung von Exec ist zu beachten, daß das aufrufende Programm nicht den gesamten Speicher belegt. Deshalb ist eine Begrenzung des Heap nach oben notwendig, das heißt, daß die Obergrenze des Heap mit der Compilerdirektive *Memory-Sizes* auf weniger als 640 KByte festgelegt werden muß.

Die hier angegebenen Programmbeispiele (Bild 1 bis 6) sind für Turbo-Pascal 5.0 gedacht, können aber schnell an Turbo-Pascal 4.0 angepaßt werden. Dazu sind die Compilerdirektiven neu zu setzen (einige gab es in Turbo-Pascal 4.0 noch nicht), die Prozedur SwapVectors und die Funktion

GetEnv (Str : String) : String;

sind selbst zu deklarieren (siehe Bild 7).

```
( Unit zur Deklaration der Unterprogramme für 1. )
{$A+,B-,D-,E+,F-,I-,L-,N+,O-,R-,S-,V-}
Unit F1;

interface

uses Crt, DOS;

type RealType = Extended;

var ya          : array [0..767] of RealType;
    ey          : array [0..767] of Boolean;
    xd, x       : RealType;
    xi, xmax    : word;
    xa          : RealType;

const Exist : Boolean = False;

function Install( Fkt, Dkt : String ) : boolean;

procedure Calculation;

implementation

var Path        : Text;
    SR          : SearchRec;
    TpcDir      : String;
    OldExitProc, Old47hPtr : Pointer;

function Install;
var f1, f2 : Text; Zeile : String; DOSErrorCode : Integer;
begin
Assign( f1, 'calc.pas' ); Assign( f2, 'help1.pas' );
ReWrite( f1 ); ReSet( f2 );
while not EoF( f2 )
do begin ReadLn( f2, Zeile );
         if Pos( '{!Fkt}', Zeile ) <> 0
         then WriteLn( f1, Fkt )
         else if Pos( '{!Dkt}', Zeile ) <> 0
              then WriteLn( f1, Dkt )
              else WriteLn( f1, Zeile )
     end;
Close( f1 ); Close( f2 );
SwapVectors; Exec( TpcDir + 'Tpc.Exe', '/l calc.pas' ); SwapVectors;
WriteLn; DOSErrorCode:= DOSError;
if DOSErrorCode <> 0
then begin WriteLn( 'DOS-Fehler : ', DOSErrorCode ); halt
     end;
Exist:= DOSExitCode = 0; Install:= Exist
end;

procedure Calculation;
begin
if not Exist
then begin Write( 'Es wurde noch keine Funktion installiert ! ');
           Write( 'Programm angehalten ! ' ); Halt
     end;
x:=xa; xi:=0; FillChar( ey, SizeOf( ey ), true );
repeat SwapVectors; Exec( 'calc.exe', '' ); SwapVectors
 until xi = succ( xmax )
end;

{$F+} procedure NewExit; {$F-}
begin
ExitProc:= OldExitProc; SetIntVec( $47, Old47hPtr );
SwapVectors; Exec( GetEnv( 'COMSPEC' ) , '/c erase calc.*' );
SwapVectors
end;

begin { Hauptprogramm }
DirectVideo:= False { nur bei EC 1834 / nicht kompatible };
Assign( Path, 'TpcDir.txt'); ReSet( Path );
Readln( Path, TpcDir ); FindFirst( TpcDir + 'Tpc.Exe', AnyFile, SR );
While DOSError <> 0
do begin WriteLn( 'Tpc.Exe not found !'); WriteLn;
         WriteLn( 'old Path : ', TPCDir ); WriteLn;
         Write( 'new Path : ' ); ReadLn( TPCDir ); WriteLn;
         FindFirst( TpcDir + 'Tpc.Exe', AnyFile, SR );
         ReWrite( Path ); Writeln( Path, TpcDir )
     end;
Close( Path ); OldExitProc:= ExitProc; ExitProc:= @ NewExit;
GetIntVec( $47, Old47hPtr ); SetIntVec( $47, @ ya )
end.
```

Bild 1 Die Unit F1.TPU zur Berechnung einer Funktion

```
( zu 1. )
{ Hilfs-Programm zu  Unit 'F1.tpu' }
{$A+,B-,D-,F-,I-,L-,N+,O-,R-,S-,V-}
{$IfDef CPU87}  { Ist ein Numeric-Processor vorhanden ? }
{$E-}           { ja => HardWare    }
{$Else}
{$E+}           { nein=> Emulieren }
{$EndIf}
{$M 65520,0,0 } { Es wird kein Heap benoetigt }
program help1;
uses Dos;
type RealType = Extended;
     Transfer = record ya          : array [0..767] of RealType;
                       ey          : array [0..767] of boolean;
                       xd, x       : RealType;
                       xi, xmax    : word
                end;
var Back     : ^ Transfer;
    xn       : Word;
    OldExit  : Pointer;
{!Dkt}

{$F+}
procedure NewExit;
begin
with Back^
do begin xi:=succ(xn); x:=x+xd; ey[xn]:=false
     end;
ExitProc:=OldExit; ErrorAddr:=nil
end; {$F-}

function y( var x : RealType ) : RealType;
begin
{!Fkt}
end;

begin
OldExit:=ExitProc; ExitProc:=@NewExit;
GetIntVec( $47, Pointer (Back) );
with Back^
do begin for xn:=xi to xmax
         do begin ya[ xn ]:= y( x ); x:=x+xd
              end;
         xi:=succ(xn)
     end;
ExitProc:=OldExit
end.
```

Bild 2 Hilfsprogramm zur Unit F1.TPU

```
{ zu 1. }
{ Beispiel-Programm zur Nutzung der Routinen des Units 'F1.tpu' }
{$A+,B-,D-,E+,F-,I-,L-,N+,O-,R-,S-,V-}
{$M 65520,0,0}
program Main1;

uses Crt, F1;

var fkt : String;
    xe  : RealType;

begin
ClrScr;
WriteLn( 'Tabellierung einer Funktion' ); WriteLn;
WriteLn( 'Die Funktion darf Singularitaeten enthalten !' );
WriteLn;
Repeat Repeat Write( 'Der Funktions-String muß folgendes ');
              WriteLn( 'Format besitzen : y:= f(x)' ); WriteLn;
              Write( 'Funktions-String : '); ReadLn( fkt );
              WriteLn
         until Install( fkt, '' );
       Write( 'Anfang        : '); ReadLn( xa ); WriteLn;
       Write( 'Ende          : '); ReadLn( xe ); WriteLn;
       Write( 'Schrittweite : '); ReadLn( xd ); WriteLn;
       xmax:= Round( ( xe - xa ) / xd ); Calculation; x:= xa;
       for xi:= 0 to xmax
       do begin if ey[ xi ]
                then WriteLn( 'Funktion(', x, ')= ', ya[ xi ] )
                else WriteLn( 'Funktion(', x, ')= ', 'NAN' );
                x:= x + xd
            end;
       WriteLn;
       WriteLn( 'Wiederholen ? <J>a / <N>ein' )
 until UpCase( ReadKey ) = 'N'
end.
```

Bild 3 Beispielprogramm zur Nutzung der Unit F1.TPU

Berechnung einer Funktion ohne Laufzeitfehler

Es sollen in einem x-Intervall die Funktionswerte f(x) bzw. Iterationswerte von äquidistanten x-Werten (z. B. für eine graphische Darstellung) berechnet werden. Dazu werden folgende Variablen benutzt (siehe Bild 1, Unit F1 Zeile 11 bis 15):

Variable	Typ	Funktion
ya	RealType	Vektor, nimmt die Funktionswerte auf
ey	Boolean	Vektor, ey[xi] = true besagt, daß die Berechnung des Funktionswertes mit dem Index xi möglich war
xi	word	Index von ya und ey
xmax	word	maximaler Index, führt zum Ende der Berechnung
x	RealType	aktueller x-Wert
xd	RealType	Schrittweite für x
xa	RealType	Anfangswert für x

Die Funktion Install (Bild 1, Zeile 30 bis 50) kopiert das Textfile Help1.pas in das noch nicht existierende Textfile Calc.pas und trägt dabei den eingegebenen Funktions-String (y wird darin ein Wert zugewiesen) und eventuell zusätzliche Deklarationen dort in Calc.pas ein, wo es in Help1.pas die Hilfs-Strings {**!Fkt**} und {**!Dkt**} findet (Zeile 21 und 34). Dann wird versucht, Calc.pas zu compilieren. Die Funktion Install gibt *true* zurück, wenn die Compilierung erfolgreich war; *false*, wenn ein Fehler auftrat. Die Compilierung läßt sich auf dem Bildschirm verfolgen, und eine eventuelle Fehlerstelle wird von TPC.EXE angezeigt. Nach der erfolgreichen Compilierung kann das erzeugte Programm Calc.exe gestartet werden. In Help1.pas ist der Typ *Transfer* definiert (Zeile 13). Er enthält die zu übergebenden Variablen, die in der gleichen Reihenfolge definiert sind, wie die zu übergebenden Variablen in der Unit F1 (Zeile 11 bis 15). *Back* ist als Pointer auf eine Variable vom Typ Transfert deklariert. Daraus folgt: Wenn **Back: = Addr(ya)** (ya aus dem Hauptprogramm) gesetzt wird, liegen die zu übergebenden Variablen sowohl in der Unit F1 wie auch in Calc.exe auf dem gleichen Speicherplatz und können somit übergeben werden. Die Übergabe der Adresse der Variablen ya erfolgt im Initalisierungsteil der Unit F1 über den Interrupt-Vektor $47, der nach /1/ von MS-DOS nicht belegt ist und von Nutzerprogrammen verwendet werden kann.

Die Prozedur *Calculation* (in F1) führt, indem sie Calc.exe aufruft, die Berechnung aus. Tritt während der Berechnung der Funktion in Calc.exe ein Laufzeitfehler auf, wird das Programm Calc.exe über seine Exit-Prozedur (in Help1.pas, Zeile 24) beendet. Die Exit-Prozedur sorgt dafür, daß alle Parameter so ein-

```
 1: { Unit zur Deklaration der Routinen für 2. }
 2: {$A+,B-,D-,E-,F-,I-,L-,N+,O-,R-,S-,V-}
 3: Unit F2;
 4:
 5: interface
 6:
 7: uses Crt, DOS;
 8:
 9: type RealType = Extended;
10:
11: var FuncAddr : Pointer;
12:
13: const Exist : Boolean = false;
14:
15: function Install( Fkt, Dkt : String ) : boolean;
16:
17: function y( x : RealType ) : RealType;
18: inline( $FF/ $1E/ FuncAddr ); { Call FAR [FuncAddr] }
19:
20: implementation
21:
22: var OldExit, Old47hPtr, Old48hPtr
23:               : Pointer;
24:     Path      : Text;
25:     SR        : SearchRec;
26:     TpcDir    : String;
27:
28: {$F+}
29: function NoFunction( x : RealType ) : RealType; {$F-}
30: begin
31: Write( 'Es wurde noch keine Funktion installiert ! ' );
32: Write( 'Programm angehalten !' ); halt
33: end;
34:
35: procedure ReleaseMemory;
36: var Regs : Registers;
37: begin
38: if Exist then Intr( $48, Regs );
39: Exist:=false; FuncAddr:= @ NoFunction
40: end;
41:
42: {$F+}
43: procedure NewExit;  {$F-}
44: begin
45: ExitProc:= OldExit; ReleaseMemory;
46: SetIntVec( $47, Old47hPtr ); SetIntVec( $48, Old48hPtr );
47: SwapVectors; Exec( GetEnv( 'COMSPEC' ) , '/c erase calc.*' );
48: SwapVectors
49: end;
50:
51: function Install;
52: var f1, f2 : Text; Zeile : String; DOSErrorCode : Integer;
53: begin
54: ReleaseMemory;
55: Assign( f1, 'calc.pas' ); Assign( f2, 'help2.pas' );
56: ReWrite( f1 ); ReSet( f2 );
57: While not EoF( f2 )
58: do begin ReadLn( f2, Zeile );
59:          if Pos( '{!Fkt}', Zeile ) <> 0
60:          then WriteLn( f1, Fkt )
61:          else if Pos( '{!Dkt}', Zeile ) <> 0
62:               then WriteLn( f1, Dkt )
63:               else WriteLn( f1, Zeile )
64:      end:
65: Close( f1 ); Close( f2 );
66: SwapVectors; Exec( TpcDir + 'Tpc.Exe', '/l calc.pas' );
67: SwapVectors; WriteLn; DOSErrorCode:= DOSError;
68: if DOSErrorCode <> 0
69: then begin WriteLn( 'DOS-Fehler : ', DOSErrorCode ); halt
70:        end;
71: if DOSExitCode = 0
72: then begin SwapVectors; Exec( 'calc.exe', '' ); SwapVectors;
73:            Install:= true; GetIntVec( $47, FuncAddr );
74:            Exist:= true
75:        end
76: else Install:= false
77: end;
78:
79: begin { Initialisierung }
80: DirectVideo:= false { nur bei EC 1834 / nicht kompatible };
81: Assign( Path, 'TpcDir.txt'); ReSet( Path );
82: Readln( Path, TpcDir );
83: FindFirst( TpcDir + 'Tpc.Exe', AnyFile, SR );
84: While DOSError <> 0
85: do begin WriteLn( 'Tpc.Exe not found !' ); WriteLn;
86:          WriteLn( 'old Path : ', TPCDir ); WriteLn;
87:          Write( 'new Path : ' ); ReadLn( TPCDir ); WriteLn;
88:          FindFirst( TpcDir + 'Tpc.Exe', AnyFile, SR );
89:          ReWrite( Path ); WriteLn( Path, TpcDir )
90:      end;
91: Close( Path ); FuncAddr:= @ NoFunction;
92: GetIntVec( $47, Old47hPtr ); GetIntVec( $48, Old48hPtr );
93: OldExit:= ExitProc; ExitProc:= @ NewExit
94: end.
```

◀ ***Bild 4** Die Unit F2.TPU zur Installation einer Funktion*

```
 1: { zu 2. }
 2: { Hilfs-Programm zu  Unit 'F2.tpu' }
 3: {$A+,B-,D-,F-,I-,L-,N+,O-,R-,S-,V-}
 4: {$IfDef CPU87}  { Ist ein Numeric-Processor vorhanden ? }
 5: {$E-} { ja => HardWare }
 6: {$Else}
 7: {$E+} { nein=> Emulieren }
 8: {$EndIf}
 9: {$M 1024,0,0 } { Es wird kein Heap benoetigt ! }
10:
11: program help2;
12: uses dos;
13: Type RealType = Extended;
14:
15: {$F+}
16: function y( x : RealType ) : RealType; {$F-}
17: {!Dkt}
18: begin
19: {!Fkt}
20: end;
21:
22: function DeallocateMemory( Segment : word ) : word;
23: var Regs : Registers;
24: begin
25: with Regs
26: do begin ah:=$49; es:=Segment; MSDOS( Regs );
27:          if ( flags and 1 ) <> 0
28:          then DeallocateMemory:=ax
29:          else DeallocateMemory:=0
30:      end
31: end;
32:
33: Procedure DeallocateProgram; Interrupt;
34: type WordPtr = ^ Word; var Regs : Registers;
35: begin
36: if DeallocateMemory( WordPtr( Ptr( PrefixSeg, $2C ) )^ ) <> 0
37: then Intr( $19, Regs );
38: if DeallocateMemory( PrefixSeg ) <> 0
39: then Intr( $19, Regs )
40: end;
41:
42: begin
43: SetIntVec( $47, @ y ); SetIntVec( $48, @ DeallocateProgram ); keep(0)
44: end.
```

***Bild 5** Hilfsprogramm zur Unit F2.TPU*

```
 1: { zu 2. }
 2: { Beispiel-Programm zur Nutzung der Routinen
 3:   des Units 'F2.tpu' }
 4: {$A+,B-,D-,E+,F-,I-,L-,N+,O-,R-,S-,V-}
 5: {$M 65520,0,0}
 6: program Main2;
 7:
 8: uses Crt, F2;
 9:
10: type RealType = Extended;
11:
12: var x, xa, xe, xd : RealType;
13:     fkt           : String;
14:
15: begin
16: ClrScr;
17: WriteLn( 'Tabellierung einer Funktion' ); WriteLn;
18: Repeat Repeat Write( 'Der Funktions-String muß folgendes ');
19:               WriteLn( 'Format besitzen : y:= f(x)' );
20:               WriteLn;
21:               Write( 'Funktions-String : '); ReadLn( fkt );
22:               WriteLn
23:         until Install( fkt, '' );
24:        Write( 'Anfang       : '); ReadLn( xa ); WriteLn;
25:        Write( 'Ende         : '); ReadLn( xe ); WriteLn;
26:        Write( 'Schrittweite : '); ReadLn( xd ); WriteLn;
27:        x:=xa;
28:        Repeat WriteLn( 'Funktion(', x, ')= ', y( x ) );
29:               x:= x + xd
30:         until x > xe;
31:        WriteLn;
32:        WriteLn( 'Wiederholen ? <J>a / <N>ein' )
33:  until UpCase( ReadKey ) = 'N'
34: end.
```

***Bild 6** Beispielprogramm zur Nutzung der Unit F2.TPU*

```
{ Routinen die in Turbo Pascal 4.Ø noch nicht verfügbar sind }
Uses Dos;

procedure SwapVectors;
var Ptr : Pointer;
begin
Ptr:= SaveIntØØ; GetIntVec( Ø, SaveIntØØ ); SetIntVec( Ø, Ptr );
{ usw mit allen umgesetzten Vektoren, siehe Hilfesystem unter
Unit 'System' }
end;

function GetEnv( Str : String ) : String;
type WordPtr = ^ Word; a = array[ Ø..32767 ] of Char;
var b : ^a; l, n : Word; TStr : String;
label Abbruch1, Abbruch2;
begin
for l:=1 to Length( Str )
do Str[ l ]:= UpCase( Str[ l ] );
b:= Ptr( WordPtr( Ptr( PrefixSeg, $2C ) )^, Ø ); TStr:='';
for l:=Ø to 32767
do begin if b^[l] = Str[1]
         then begin for n:=Succ( l ) to Length( Str ) + Pred( l )
                    do if b^[ n ] <> Str[ n - Pred( l ) ]
                       then Goto Abbruch1;
                    for l:= n + 2 to n + 257
                    do if b^[l] <> #Ø
                       then TStr[l-n-1]:= b^[l]
                       else begin TStr[Ø]:= Char( l-n-2 );
                                  Goto Abbruch2
                            end
              end;
         Abbruch1:
         if ( b^[l] = #Ø ) and ( b^[Succ(l)] = #Ø )
         then Goto Abbruch2
   end;
Abbruch2:
GetEnv:= TStr
end;
```

Bild 7 Die Prozedur SwapVectors und die Funktion GetEnv für Turbo-Pascal 4.0

gestellt sind, daß beim nächsten Aufruf von Calc.exe innerhalb von *Calculation* die Berechnung fortgesetzt wird. Außerdem wird durch **ey[xi]:=false** vermerkt, daß in dem Punkt mit dem aktuellen Index eine Singularität existiert.

Achtung: Die Exit-Prozedur muß als *far* deklariert sein. Die Steuerung wird dann wieder an die Unit F1 zurückgegeben (Prozedur Calculation) und diese erkennt (xi<>succ(xmax)), daß die Berechnung noch nicht beendet ist, und startet Calc.exe erneut. So ist eine Berechnung von beliebigen, beispielsweise auch gebrochenen rationalen Funktionen ohne die Gefahr eines Programmabbruches durch einen Laufzeitfehler möglich. Damit die Ladezeiten kurz gehalten werden, bietet es sich an, Calc.exe auf die RAM-Disk zu schreiben.

In dem Textfile TPCDir.Txt muß der Pfad für TPC.EXE eingetragen sein. Findet das Programm in diesem Directory TPC.EXE nicht, wird zur Eingabe eines neuen Pfades aufgefordert bis TPC.EXE gefunden wurde (siehe Initialisierungsteil der Unit F1).

Bei Beendigung des Programms werden durch die Exit-Prozedur der Unit F1 automatisch Calc.exe und Calc.pas gelöscht. In Bild 1 wird ein Beispielprogramm gezeigt, in dem die hier angegebenen Routinen zur Tabellierung einer arithmetischen Funktion genutzt werden.

Für viele Probleme ist diese Variante sicher nicht der richtige Weg, da sehr oft nur ein Funktionswert benötigt wird, der dann im Hauptprogramm ausgewertet wird, beispielsweise die Berechnung von Differentialgleichungssystemen. Es wäre unpraktisch, jedesmal ein Programm einladen zu müssen.

Installieren einer Funktion

Wie in dem Programm ProcPtr.pas, © Copyright 1985, 1987 by Borland International, Inc., gezeigt wird, ist es möglich, mehrere Prozeduren variabel aufzurufen:

Procedure CallProc(...);
inline($FF/ $1E/ ProcAddr);
{CALL FAR [ProcAddr]}

Die aufzurufenden Prozeduren müssen eine identische Parameterliste besitzen, ansonsten gerät der Stack durcheinander.

ProcAddr: Pointer muß dazu auf die Adresse der Prozedur zeigen. Da die Prozedur durch *Far-Call* aufgerufen wird, muß sie als *far* deklariert werden, damit am Schluß derselben ein *Far-Ret* steht. Nach /3/ ist auch ein Aufruf von Funktionen wie oben beschrieben möglich:

Function CallFunction(...):...;
inline($FF/ $1E/ FuncAddr);
{CALL FAR [FuncAddr]}

Es ist aber nicht notwendig, daß der Code der Prozedur oder der Funktion innerhalb des Programms steht, von dem sie aufgerufen wird. Daß das mit Interrupt-Prozeduren geht, ist bekannt, mit normalen geht es aber auch. Damit entfällt die Übergabe von Variablen-Adressen, nur die Adresse der Funktion muß diesmal übergeben werden, aber in der anderen Richtung wie in Version 1. Das Programm Calc.exe wird diesmal in *Install* aufgerufen (siehe Bild 4, Zeile 72), und bei der Abarbeitung von Calc.exe wird lediglich die Adresse der Funktion auf den Interrupt-Vektor gelegt, und Calc.exe wird mit **Keep(0)** speicherresident beendet (siehe Bild 5, Zeile 43 bis 44).

Achtung: Keep setzt nicht die Interrupt-Vektoren zurück, deshalb ist auch in *Install* das Tauschen der Interruptvektoren notwendig, damit ein eventueller Laufzeitfehler nicht mit einer Fehlerbehandlung in Calc.exe endet, sondern im Hauptprogramm. Ein Aufruf von Exec (außerhalb von Install) würde nicht den Code der installierten Funktion überschreiben. Um eine neue Funktion zu installieren, muß der alte Code wieder freigegeben werden. Das geschieht mit der Prozedur *ReleaseMemory*. Es ist eine Möglichkeit, um speicherresidente Interruptprogramme sich selbst entfernen zu lassen /3/.

Wenn nicht die Notwendigkeit besteht, die Prozedur *Exec* außerhalb der Prozedur *Install* aufzurufen, muß der installierte Code auch nicht speicherresident gemacht werden, und demzufolge darf dann RealeaseMemory nicht benutzt werden (auch nicht DeallocateProgramm und DeallocateMemory). Es kann also auf den Code eines Programms zugegriffen werden, das bereits beendet wurde und nicht speicherresident ist, denn der Code dieses Programms steht weiterhin im Speicher, bis er mit einem erneuten Aufruf von *Exec* überschrieben wird.

Nach erfolgreicher Ausführung von *Install* (Ergebniswert von Install = true) kann die Funktion y(x) aufgerufen werden, sie liefert nun den Wert f(x) unserer eingegebenen Funktion.

Die installierte Funktion nutzt den Stack des aufrufenden Programms. In Help1.pas muß demzufolge nur Stack für den Ablauf des Programms (Interrupt-Vektor setzen) reserviert werden.

Achtung: Die eventuell mit *Install* deklarierten Variablen ({!Dkt}) der zu installierenden Funktion liegen auf dem Stack. Ihr Inhalt ist beim Aufruf der Funktion unbestimmt. Das Datensegment wird beim Aufruf einer normalen Prozedur oder Funktion von einem anderen Programm aus nicht wie bei einer Interrupt-Prozedur umgesetzt.

Deshalb können keine globalen Variablen deklariert werden; sie können als Referenz Parameter übergeben werden.

In Bild 6 wird ein Beispielprogramm gezeigt, in dem die Routinen zur Tabellierung einer arithmetischen Funktion genutzt werden. Die Programmteile sollen nur die Technik demonstrieren, sie sind nicht perfekt.

Natürlich ist es auch möglich, mehrere Funktionen oder Funktionen mit anderen Parametern zu installieren:

y(X : Vektor) : RealType;

Zur Übergabe von Adressen können bis MS-DOS 3.30 nach /1/ die Interrupt-Vektoren $47–$67 (außer $4A beim PC/AT) benutzt werden.

Deshalb ist das Zurücksetzen der benutzten Interrupt-Vektoren in den Exit-Prozeduren der Units F1 und F2 erforderlich.

Ab Turbo-Pascal 5.0 kann an Stelle des Inline-Codes für den Funktionsaufruf eine prozedurale Variable verwendet werden.

Literatur

/1/ Tischer, M.: PC Intern – Systemprogrammierung. Data Becker GmbH, Düsseldorf 1988, S. 41

/2/ Schäpers, A.: Turbo-Pascal 4.0, Konzepte, Analysen, Tips & Tricks, Vergleich zu 3.0 bis aufs letzte Bit. Addison-Wesley Verlag (Deutschland) GmbH, Bonn 1988

Schulungen

Das Schulungszentrum des Büromaschinenwerkes Sömmerda führt 1990 folgende Softwareschulungen durch:

- Betriebssystem DCP 3.3 (1 Woche)
- Textverarbeitung (1 Woche)
- REDABAS 3 (2 Wochen)
- MULTICALC (1 Woche)
- TPASCAL (2 Wochen)
- POLYCAD (1 Woche)
- SCOM-LAN (1 Woche)

VEB Robotron Büromaschinenwerk „Ernst Thälmann" Sömmerda, Abt. Softwareentwicklung, Weißenseer Straße 52, Sömmerda, 5230; Tel. 4 37 21 oder 4 37 19

Stumpp

Für PC-Neulinge werden Intensivschulungen direkt am PC für die Handhabung der Computer einschließlich ihrer Peripherie, zum Betriebssystem MS-DOS sowie zu Standardsoftware wie Wordstar, dBase, Turbo-Pascal und integrierte Softwarepakete angeboten. Die Schulungszeiten können individuell vereinbart werden.

pd-computerdienste gmbh, Postfach 13, Berlin, 1053; Tel. 4 49 90 95

Dauth

68040-Prozessor

Power on the Chip

Die Familie der 680X0-Prozessoren von Motorola wurde um einen Neuling erweitert, den »68040«. Durch seine 1,2 Millionen Transistoren konnte die Leistung erheblich gesteigert werden.

Diesmal fand die Premiere von Motorola völlig antizyklisch in Deutschland statt, dann in weiteren europäischen Ländern und zuletzt kam die USA an die Reihe. Waren dafür nur organisatorische Entscheidungen ausschlaggebend oder kam man diesmal auch der marktpolitischen Bedeutung nach? Von den über 50 Herstellern von Computersystemen, die die Verwendung des 68040 in Betracht gezogen haben, sind allein 34 in Deutschland ansässig. Darunter Firmen wie Apple Computer, Bull, Commodore, Hewlett-Packard/Apollo, Nixdorf, Philips und Unisys.

Mit dem 68040 ist Motorola dem eigenen Gesetz der Software-Kompatibilität treu geblieben. Somit können sämtliche Programme, die auf der 680X0-Familie lauffähig sind, bei einer installierten Basis von ca. 4 Milliarden Dollar, auch mit dem 68040 bearbeitet werden. Dennoch handelt es sich bei dem Chip nicht nur um eine Erweiterung der 680X0-Familie. Der aus 1,2 Millionen Transistor-Funktionen bestehende Prozessor (das sind fast viermal so viel wie beim 68030) wurden nicht nur um weitere Funktionen ergänzt, sondern von Grund auf neu aufgebaut. So bietet der mit 25 MHz getaktete 68040 bereits eine Leistung von 20 MIPS. Nach Herstellerangaben sei er damit bereits um 25 Prozent schneller als beispielsweise der 80486 von Intel. Ähnlich wie bei diesem wurden beim 68040 mehrere Funktionseinheiten zu einem Chip zusammengefaßt. So enthält der 68040 neben einer Integer- auch eine Gleitkomma-Recheneinheit. Mit diesen beiden Einheiten können aufwendige mathematische Berechnungen durchgeführt werden. Die durchschnittliche Fließkomma-Rechenleistung beträgt ca. 3,5 MFLOPS (Million Floating Point Operations per Second). Als Maximum werden 8 MFLOPS vom Hersteller angegeben. Dabei ist diese Einheit mit den Koprozessoren 68881 und 68882 objektcodekompatibel. Besondere Einsatzgebiete sind also nun in Bereichen der Grafikanwendungen, Computersimulationen und Finanzanalysen gegeben. Zur Steigerung der Systemleistung trägt auch der Hardware-Multiplizierer (64 × 64) der Gleitkomma-Recheneinheit bei.

Ergänzt wird das Ganze durch zwei Speicherverwaltungseinheiten (PMMUs) sowie Daten- und Befehlscaches. Von den Speicherverwaltungseinheiten werden sowohl virtuelle Demand-Paging- als auch Echtzeitbetriebssysteme unterstützt. Außerdem ermöglichen sie die gleichzeitige Übersetzung von Befehlen und Operanden.

Um einen hohen Informationsfluß verarbeiten zu können, wurde der 68040 mit zwei, jeweils 4 KByte-großen, Daten- und Befehlscaches ausgestattet. Beide arbeiten gleichzeitig, um Daten und Befehle mit einer Transferrate von bis zu 200 MByte/s dem Prozessor zur Verfügung stellen zu können. Dabei verfolgen sie gleichzeitig Daten auf dem externen Bus, um die Cache-Speicher auf dem neuesten Stand zu halten.

Durch die Zusammenfassung dieser Einheiten auf einem Chip benötigt der Prozessor nur noch ca. 1,3 Taktzyklen für einen Befehl. Eine weitere Besonderheit des Chips: Parallel können 14 Operationen ablaufen. Die Auslieferung des Prozessors in Stückzahlen ist für Ende 1990 vorgesehen. Der Preis für derzeitig erhältliche Muster beträgt ca. 800 Dollar. (ga)

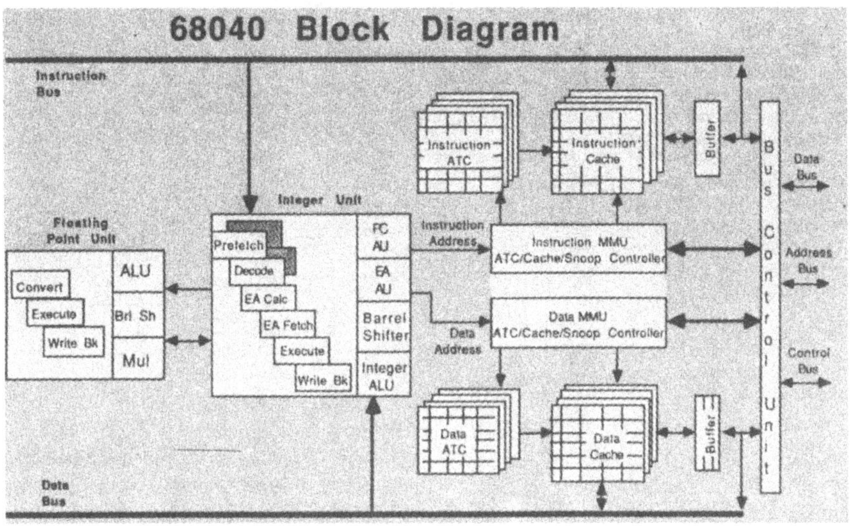

Schematische Darstellung der Funktionseinheiten des 68040

Nachdruck aus Computer Persönlich, Heft 5/1990

Wegbereiter der Informatik

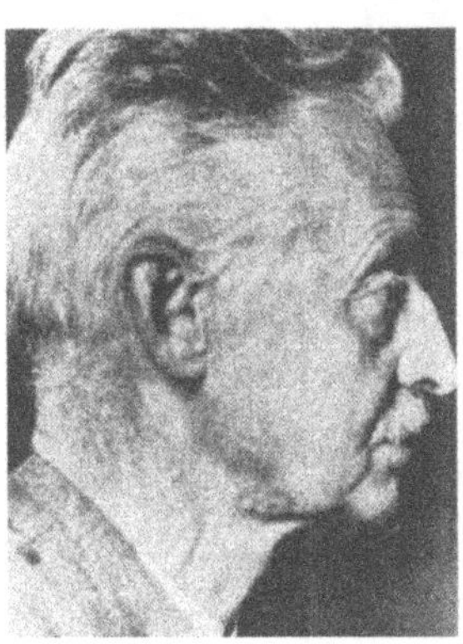

CARL DAVID RUNGE

∗ 1856 Bremen † 1927 Göttingen

Runge hat 1877–80 in Berlin Mathematik und Physik studiert und anschließend promoviert. Schon 3 Jahre später habilitierte er sich und wirkte ab 1883 als Privatdozent in Berlin; 1886 zog er nach Hannover und wurde Professor an der dortigen Technischen Hochschule. Im Jahre 1904 berief man ihn als Ordinarius für Angewandte Mathematik an die Universität Göttingen, wo auch Felix Klein bereits seit 1886 wirkte. Runge bekleidete sein Lehramt bis 1924, er galt als ausgezeichneter Pädagoge. Zwischendurch (1911) weilte er als Austauschprofessor in Amerika.

Runge leistete bedeutende Arbeiten zur numerischen Anwendung mathematischer Verfahren auf technische Probleme; er erfand eine große Anzahl zweckmäßiger Methoden, um mit kleinstem Aufwand an numerischer Arbeit zur gewünschten approximativen Lösung komplizierter Probleme gelangen zu können. Er hat damit zur computergestützten Auswertbarkeit mathematischer Aufgabenstellungen wesentlich mit beigetragen. Wohl jeder mathematisch ausgebildete Programmierer kennt zum Beispiel die Formeln von Runge-Kutta zur approximativen Berechnung eines partikulären Integrals für Differentialgleichungen der Form

$$y' = f(x,y)$$

wobei nur Werte von f(x,y) benutzt werden (1895). Dieses Runge-Kutta-Verfahren, ein numerisch stabiles extrapolatives Einschritt-verfahren ist eines der wichtigsten numerischen Lösungsverfahren für gewöhnliche Differentialgleichungen geworden und dürfte heute zur Standardausrüstung jeder anspruchsvollen Computer-Software gehören.

Ein weiteres wesentliches Arbeitsgebiet Runges war die Ausgleichsrechnung (1897), die das Ziel verfolgt, etwa mit Hilfe der Methode der kleinsten Quadrate aus fehlerbehafteten Meßwerten Näherungswerte für die zu messenden Größen zu gewinnen und deren Genauigkeit anzugeben. Außerdem befaßte sich Runge mit der Approximation und Interpolation von Funktionen (Satz von Runge, 1901), mit harmonischer Analyse (1902) sowie mit der Summation trigonometrischer Polynome. Er hat auch praktikable Methoden für graphisches Rechnen entwickelt (graphische Lösung algebraischer Gleichungen und partieller Differentialgleichungen) und darüber – neben anderem – ein Lehrbuch verfaßt.

In seinen späteren Lebensjahren wandte sich Runge stärker der Physik zu (Messung von Spektrallinien in der Optik) und widmete sich auch ganz speziellen praktischen Problemen: So entwickelte er Ortsbestimmungsverfahren auf See und im Ballon und löste Probleme aus der Festigkeitslehre.

Dr. Klaus Biener

Computer-Club

Typisierte CP/M-Dateien und Turbo-Pascal 5.0

Eberhard Schmidt, Frankfurt (Oder)

Da in Turbo-Pascal beim Übergang von CP/M zu MS-DOS der Aufbau der typisierten Dateien stark geändert wurde, stehen Programmierer, die häufig zwischen beiden Betriebssystemen wechseln müssen, vor einigen Problemen.

Unter CP/M ist nur die Anzahl der 128-Byte-Records einer Datei bekannt. Deshalb setzt Turbo-Pascal hier seinen typisierten Dateien vier Byte voran, in denen die Anzahl der Datensätze und die Satzgröße vermerkt ist. Diese Kenngrößen entfallen bei Dateien, die von den MS-DOS-Versionen von Turbo-Pascal erzeugt werden, weil die Satzanzahl sich durch die Kenntnis der exakten Dateigröße unter MS-DOS aus der Satzgröße errechnen läßt.

Es ist zwar für den Nutzer kein Problem, beim einmaligen Übergang von CP/M zu MS-DOS seine typisierten Dateien durch ein kleines Konvertierungsprogramm von diesen vier Byte zu befreien, belastend wird die Angelegenheit jedoch bei einem ständigen Wechsel zwischen beiden Betriebssystemen. Das Laden entsprechender Treiber ermöglicht den Zugriff auf CP/M-Dateien auch unter MS-DOS. Im Interesse eines Programmnutzers soll sein Pascal-Programm nun auch die auf dieser Diskette befindlichen typisierten Pascal-Dateien bearbeiten können. Damit soll er davon entlastet werden, parallele Datenbestände zu führen. Das Nutzerprogramm muß dazu die Aufgaben übernehmen, die in der CP/M-Version von Turbo-Pascal die Laufzeitbibliothek erledigt hat: die Überlagerung einer physischen CP/M-Datei mit der logischen Satzstruktur des Nutzerprogramms. Die Prozeduren und Funktionen der Unit *CPM* (Bild 1) ermöglichen dies, indem sie die Datei beim Zugriff als nicht typisiert ansehen und den Datenversatz von vier Byte berücksichtigen. Um in Programmen mit dieser Unit wahlweise CP/M- oder MS-DOS-Dateien bearbeiten zu können, sind im Interface-Teil prozedurale Variablen definiert, denen beim Programmstart die Adressen der Module für den Zugriff auf CP/M-Dateien zugewiesen werden. Diese Variablen werden wie die Prozeduren der Unit System benutzt. Ausnahmen bilden nur die Prozedurvariable *_Rewrite* und der Typ der Dateivariablen. Die Variable *_Rewrite* verlangt als zweiten Parameter die Byteanzahl eines Datensatzes, die Dateivariable muß dem in der Unit deklarierten Datentyp *TypeFile* entsprechen.

Zusätzlich wird die Funktionsvariable

```
UNIT CPM ( Version 9/89 ) ; INTERFACE
( E.Schmidt, Beerenweg 14, Frankfurt/Oder. 1200 )
PROCEDURE cpm_Prozedur_Zuweisung ;
TYPE _TypeFile = RECORD
                    Block                 : FILE ;
                    Size , Count , Posi   : WORD  ;
                 END ;
     _AssignTyp   = PROCEDURE ( VAR f ; s : STRING   ) ;
     _RewriteTyp  = PROCEDURE ( VAR f ; s : WORD     ) ;
     _SeekTyp     = PROCEDURE ( VAR f ; s : LONGINT  ) ;
     _ResetTyp    = PROCEDURE ( VAR f                ) ;
     _ReadTyp     = PROCEDURE ( VAR f , s            ) ;
     _FileSizeTyp = FUNCTION  ( VAR f ) : LONGINT ;
     _FilePosTyp  = FUNCTION  ( VAR f ) : LONGINT ;
     _EofTyp      = FUNCTION  ( VAR f ) : BOOLEAN ;
VAR  _Assign                              : _AssignTyp   ;
     _Rewrite                             : _RewriteTyp  ;
     _Reset    , _Close   , _Truncate     : _ResetTyp    ;
     _Seek                                : _SeekTyp     ;
     _Read     , _Write                   : _ReadTyp     ;
     _FileSize , _FilePos                 : _FileSizeTyp ;
     _Eof      , _FileExist               : _EofTyp      ;
IMPLEMENTATION ($F+)
VAR Puffer : ARRAY [ 0 .. 127 ] OF BYTE ;
    buffer : ARRAY [ 0 ..  63 ] OF INTEGER
             ABSOLUTE Puffer ;
FUNCTION BytePosition ( filvar : _TypeFile ) : LONGINT ;
BEGIN WITH filvar DO
   BytePosition := LONGINT ( Posi ) * Size + 4
END ;

( ---------------------- Assign --------------------- )
PROCEDURE cpm_Assign ( VAR f ; n : STRING ) ;
VAR filvar : _TypeFile ABSOLUTE f ;
BEGIN ASSIGN ( filvar . Block , n ) END ;
( ---------------------- Rewrite -------------------- )
PROCEDURE cpm_Rewrite ( VAR f ; sl : WORD ) ;
VAR filvar : _TypeFile ABSOLUTE f ;
BEGIN WITH filvar DO BEGIN
   REWRITE ( Block ) ;
   Count := 0 ;  Posi := 0 ;  Size  := sl ;
   buffer [ 0 ] := Count ; buffer [ 1 ] := Size ;
   BLOCKWRITE ( Block , buffer , 1 )
END END ;
( ---------------------- Reset ---------------------- )
PROCEDURE cpm_Reset ( VAR f ) ;
VAR filvar : _TypeFile ABSOLUTE f ; k : LONGINT ;
BEGIN WITH filvar DO BEGIN
   RESET ( Block ) ;
   IF FILESIZE ( Block ) = 0 THEN RUNERROR ( $90 ) ;
   BLOCKREAD ( Block , buffer , 1 ) ;
   Size := buffer [ 1 ] ; Posi := 0 ;
   Count := buffer [ 0 ] ; k := Count * Size + 3 ;
   IF k DIV 128 >= FILESIZE ( Block )
      THEN RUNERROR ( $99 )
END END ;
( ---------------------- Seek ----------------------- )
PROCEDURE cpm_Seek ( VAR f ; Pos : LONGINT ) ;
VAR filvar : _TypeFile ABSOLUTE f ;
BEGIN WITH filvar DO BEGIN
   IF Pos > Count THEN RUNERROR ( $91 ) ; Posi := Pos ;
   SEEK ( Block , BytePosition ( filvar ) DIV 128 )
END END ;
( ---------------------- Read ----------------------- )
PROCEDURE cpm_Read ( VAR f , Satz ) ;
VAR filvar : _TypeFile ABSOLUTE f ;
PROCEDURE Satz_Lesen ;
VAR sa : ARRAY [ 0 .. 0 ] OF BYTE ABSOLUTE Satz ;
     i , m : INTEGER ;   j : BYTE ;  k : LONGINT ;
BEGIN WITH filvar DO BEGIN
   k := BytePosition ( filvar ) ;   j := k MOD 128 ;
   SEEK ( Block , k DIV 128 ) ;
   BLOCKREAD ( Block , Puffer , 1 ) ;
   IF j + Size > 128 THEN m := 128 - j ELSE m := Size ;
   MOVE ( Puffer [ j ] , sa , m ) ; i := Size - m ;
   WHILE i >= 128 DO
      BEGIN
       BLOCKREAD ( Block , Puffer , 1 ) ;
       MOVE ( Puffer , sa [ m ] , 128 ) ;
       INC ( m , 128 ) ; DEC ( i , 128 )
      END ;
   IF i > 0 THEN
      BEGIN
       BLOCKREAD ( Block , Puffer , 1 ) ;
       MOVE ( Puffer , sa [ m ] , i )
      END ;
   INC ( Posi )
END END ;
BEGIN WITH filvar DO BEGIN
   IF Posi < Count THEN Satz_Lesen ELSE RUNERROR ( $91 )
END END ; ( Read )
( ---------------------- Truncate ------------------ )
PROCEDURE cpm_Truncate ( VAR f ) ;
VAR filvar : _TypeFile ABSOLUTE f ;
    i      : LONGINT            ; j : WORD ;
BEGIN WITH filvar DO BEGIN
   i := BytePosition ( filvar ) ; j := i DIV 128 ;
   IF i MOD 128 > 0 THEN INC ( j ) ; Count := Posi ;
   SEEK ( Block , j ) ; TRUNCATE ( Block ) ;
END END ; ( Truncate )
( ---------------------- Close -------------------- )
PROCEDURE cpm_Close ( VAR f ) ;
VAR filvar : _TypeFile ABSOLUTE f ;
BEGIN WITH filvar DO BEGIN
   SEEK ( Block , 0 ) ;
   BLOCKREAD  ( Block , buffer , 1 ) ;
   buffer [ 0 ] := Count ;  SEEK ( Block , 0 ) ;
   BLOCKWRITE ( Block , buffer , 1 ) ;  CLOSE ( Block )
END END ;
( ---------------------- FileSize ------------------ )
FUNCTION cpm_FileSize ( VAR f ) : LONGINT ;
VAR filvar : _TypeFile ABSOLUTE f ;
BEGIN cpm_FileSize := filvar . Count END ;
( ---------------------- FilePos ------------------- )
FUNCTION cpm_FilePos ( VAR f ) : LONGINT ;
VAR filvar : _TypeFile ABSOLUTE f ;
BEGIN cpm_FilePos  := filvar . Posi  END ;
( ---------------------- Eof ----------------------- )
FUNCTION cpm_Eof ( VAR f ) : BOOLEAN ;
VAR filvar : _TypeFile ABSOLUTE f ;
BEGIN WITH filvar DO cpm_Eof := Posi = Count END ;
( ---------------------- Write --------------------- )
PROCEDURE cpm_Write ( VAR f , Satz ) ;
VAR filvar : _TypeFile ABSOLUTE f ;
PROCEDURE Satz_Schreiben ;
VAR sa : ARRAY [ 0 .. 0 ] OF BYTE ABSOLUTE Satz ;
     i , m : INTEGER ;   j : BYTE ;  k : LONGINT ;
BEGIN WITH filvar DO BEGIN
  k := BytePosition ( filvar ) ;
  i := k DIV 128 ;  j := k MOD 128 ;
  SEEK ( Block , i ) ;
  IF ( j > 0 ) OR ( SUCC ( Posi ) < Count ) THEN
   BEGIN
    BLOCKREAD ( Block , Puffer , 1 ) ; SEEK ( Block , i )
   END ;
  IF j + Size > 128 THEN m := 128 - j ELSE m := Size ;
  MOVE ( sa , Puffer [ j ] , m ) ;
  BLOCKWRITE ( Block , Puffer , 1 ) ; i := Size - m ;
  WHILE i >= 128 DO
     BEGIN
      MOVE ( sa [ m ] , Puffer , 128 ) ;
      BLOCKWRITE ( Block , Puffer , 1 ) ;
      INC ( m , 128 ) ; DEC ( i , 128 )
     END ;
  IF i > 0 THEN
     BEGIN
      IF SUCC ( Posi ) < Count THEN
         BEGIN
          BLOCKREAD ( Block , Puffer , 1 ) ;
          SEEK ( Block , PRED ( FILEPOS ( Block ) ) )
         END ;
      MOVE ( sa [ m ] , Puffer , i ) ;
      BLOCKWRITE ( Block , Puffer , 1 )
     END ;
  IF Posi = Count THEN INC ( Count ) ; INC ( Posi )
END END ;
BEGIN
   IF filvar . Posi = $FFFF
      THEN RUNERROR ( $F2 ) ELSE Satz_Schreiben
END ; ( Write )
( ---------------------- FileExist ---------------- )
FUNCTION cpm_FileExist ( VAR f ) : BOOLEAN ;
VAR filvar : _TypeFile ABSOLUTE f ;
BEGIN WITH filvar DO BEGIN
   ($I-) RESET ( Block ) ; ($I+) cpm_FileExist := TRUE ;
   IF IORESULT = 0
       THEN CLOSE ( Block ) ELSE cpm_FileExist := FALSE
END END ;
( ---------------- INTERFACE-Prozedur -------------- )
PROCEDURE cpm_Prozedur_Zuweisung ;
BEGIN
   _Assign := cpm_Assign  ; _Rewrite   := cpm_Rewrite  ;
   _Reset  := cpm_Reset   ; _Write     := cpm_Write    ;
   _Seek   := cpm_Seek    ; _FileSize  := cpm_FileSize ;
   _Eof    := cpm_Eof     ; _FilePos   := cpm_FilePos  ;
   _Read   := cpm_Read    ; _Truncate  := cpm_Truncate ;
   _Close  := cpm_Close   ; _FileExist := cpm_FileExist;
END ;
( ----- Initialisierung der INTERFACE-Variablen ----- )
BEGIN cpm_Prozedur_Zuweisung END .
```

Bild 1 Unit zur Arbeit mit typisierten CP/M-Dateien

```
{$F+}   (* Datei DOSPROC.INC *)
PROCEDURE dos_Assign ( VAR f ; s : STRING ) ;
VAR filvar : FILE OF filtyp ABSOLUTE f ;
BEGIN ASSIGN ( filvar , s ) END ;
PROCEDURE dos_Rewrite ( VAR f : dummy : WORD ) ;
VAR filvar : FILE OF filtyp ABSOLUTE f ;
BEGIN REWRITE ( filvar ) END ;
PROCEDURE dos_Reset ( VAR f ) ;
VAR filvar : FILE OF filtyp ABSOLUTE f ;
BEGIN RESET ( filvar ) END ;
PROCEDURE dos_Read ( VAR f , s ) ;
VAR filvar : FILE OF filtyp ABSOLUTE f ;
    satz   : filtyp ABSOLUTE s ;
BEGIN READ ( filvar , satz ) END ;
PROCEDURE dos_Truncate ( VAR f ) ;
VAR filvar : FILE OF filtyp ABSOLUTE f ;
BEGIN TRUNCATE ( filvar ) END ;
PROCEDURE dos_Write ( VAR f , s ) ;
VAR filvar : FILE OF filtyp ABSOLUTE f ;
    satz   : filtyp ABSOLUTE s ;
BEGIN WRITE ( filvar , satz ) END ;
PROCEDURE dos_Close ( VAR f ) ;
VAR filvar : FILE OF filtyp ABSOLUTE f ;
BEGIN CLOSE ( filvar ) END ;
PROCEDURE dos_Seek ( VAR f ; Pos : LONGINT ) ;
VAR filvar : FILE OF filtyp ABSOLUTE f ;
BEGIN SEEK ( filvar , Pos ) END ;
FUNCTION dos_FileSize ( VAR f ) : LONGINT ;
VAR filvar : FILE OF filtyp ABSOLUTE f ;
BEGIN dos_FileSize := FILESIZE ( filvar ) END ;
FUNCTION dos_FilePos ( VAR f ) : LONGINT ;
VAR filvar : FILE OF filtyp ABSOLUTE f ;
BEGIN dos_FilePos := FILESIZE ( filvar ) END ;
FUNCTION dos_Eof ( VAR f ) : BOOLEAN ;
VAR filvar : FILE OF filtyp ABSOLUTE f ;
BEGIN dos_Eof := EOF ( filvar ) END ;
FUNCTION dos_FileExist ( VAR f ) : BOOLEAN ;
VAR filvar : FILE OF filtyp ABSOLUTE f ;
BEGIN
  {$I-} RESET ( filvar ) ; {$I+}
  IF IORESULT = 0
    THEN
     BEGIN
        CLOSE ( filvar ) ; dos_FileExist := TRUE
     END
    ELSE dos_FileExist := FALSE
END ;
{$F-}
PROCEDURE dos_Prozedur_Zuweisung ;
BEGIN
    _Assign   := dos_Assign  ; _Rewrite   := dos_Rewrite  ;
    _Reset    := dos_Reset   ; _Write     := dos_Write    ;
    _Seek     := dos_Seek    ; _FileSize  := dos_FileSize ;
    _Eof      := dos_Eof     ; _FilePos   := dos_FilePos  ;
    _Read     := dos_Read    ; _Truncate  := dos_Truncate ;
    _Close    := dos_Close   ; _FileExist := dos_FileExist
END ;
```

▲ ***Bild 2** Include zur Arbeit mit typisierten MS-DOS-Dateien*

```
USES CPM ;
TYPE filtyp = RECORD
                 lfd_Nr   : WORD ;
                 Bezeich  : STRING [ 50 ] ;
                 Preis    : REAL
              END ;
VAR  Satz   : filtyp         ;
     source : _TypeFile      ;
     destin : FILE OF filtyp ;
     i      : INTEGER        ;
BEGIN
  _Assign ( source , QUELLE' ) ;
  IF _FileExist ( source ) THEN
   BEGIN
    _Reset  ( source ) ;
    ASSIGN  ( destin , 'ZIEL' ) ;
    REWRITE ( destin ) ;
    FOR i := 1 TO _FileSize ( source ) DO
     BEGIN
       _Read ( source , Satz ) ;
       WRITE ( destin , Satz )
     END ;
    _Close ( source ) ;
    CLOSE ( destin )
  END
END.
```

***Bild 3** Beispiel zur Konvertierung einer CP/M- in eine MS-DOS-Datei*

```
USES CPM :
TYPE filtyp = RECORD
                 lfd_Nr   : WORD ;
                 Bezeich  : STRING [ 50 ] ;
                 Preis    : REAL
              END ;
{$I DOSPROC.INC}
VAR  Satz      : filtyp       ;
     filvar    : _TypeFile    ;
     i         : INTEGER      ;
     CPM_Datei : BOOLEAN      ;
BEGIN
  CPM_Datei := TRUE ;
  IF CPM_Datei
     THEN cpm_Prozedur_Zuweisung
     ELSE dos_Prozedur_Zuweisung ;
  _Assign  ( filvar , 'TESTDATE' ) ;
  _Rewrite ( filvar , SIZEOF ( Satz ) ) ;
  Satz . Bezeich [ 0 ] := #50 ;
  FOR i := 1 TO 50 DO
     WITH Satz DO BEGIN
      lfd_Nr := i ;
      FILLCHAR ( Bezeich [ 1 ] , 50 , i + 32 )
      Preis := 100 * i ;
      _Write ( filvar , Satz )
     END ;
  _Seek ( filvar , 0 ) ;
  WHILE NOT _Eof ( filvar ) DO WITH Satz DO
     BEGIN
      _Read ( filvar , Satz ) ;
      WRITELN ( lfd_Nr:6 , Bezeich:52 ,
                Preis:8:2 )
     END ;
  _Close ( filvar )
END .
```

***Bild 4** Beispiel zum wahlweisen Zugriff auf CP/M- oder MS-DOS-Dateien*

_FileExist bereitgestellt, die den Wert *True* liefert, wenn die angesprochene Datei vorgefunden wurde. Die Unit arbeitet mit automatischer Fehlerkontrolle. Die für typisierte Dateien relevanten Laufzeitfehler führen zum Programmabbruch mit den üblichen Fehlernummern. Bild 3 zeigt ein Programm zur oben erwähnten einmaligen Übernahme einer CP/M-Datei auf MS-DOS-Niveau. Der Programmausschnitt in Bild 4 soll den über die Variable *CPM_Datei* gesteuerten alternativen Dateizugriff demonstrieren.

Hinweis für KC 85-Nutzer

Die Überarbeitung des Programms CO134 Buchhaltung, das durch den VEB Mikroelektronik „Wilhelm Pieck" Mühlhausen auf Kassette vertrieben wird, hatte die Änderung der Endadressen zur Folge, so daß die aktuelle Programmversion und die Beschreibung nicht übereinstimmen. Wir erhielten dazu vom Hersteller die folgende Information:

Die auf Seite 5 der Programmbeschreibung angegebenen Endadressen der Programme Buchh/3D und Buchh/4D zum Abspeichern auf Diskette entsprechen nicht dem aktuellen Stand der vorliegenden Programmversion.

Wir empfehlen daher dem Anwender, die auf dem Bildschirm angezeigten Adressen beim Einladen der Programme von der Kassette als Parameter zum Abspeichern auf die Diskette zu verwenden, da sonst ein fehlerfreier Ablauf der Programme bei einem Wiederstart von der Diskette nicht gewährleistet werden kann.

✉ KONTAKT ☎

VEB Mikroelektronik „Wilhelm Pieck" Mühlhausen, Eisenacher Str. 40, Mühlhausen, 5700; Tel. 53288

Turbo-Pascal-Tip

Hexadezimalverarbeitung

In einigen Anwendungsfällen ist es sinnvoll, in der Ein- und Ausgabe mit Hexadezimalzahlen zu arbeiten. Dafür bieten höhere Programmiersprachen jedoch selten die entsprechenden Routinen an. Im folgenden möchte ich Ihnen eine Lösung für dieses Problem in Turbo-Pascal anbieten.

Die Prozedur *Readhex* liest einen String ein und prüft, ob dieser String der hexadezimalen Schreibweise entspricht und gibt den erhaltenen Wert als Integer zurück. Bei falscher Eingabe wird die Aufforderung wiederholt. Wird eine Leereingabe registriert, gibt diese Prozedur den Wert 0 zurück. Wenn auch Null als Wert benötigt wird, besteht die Möglichkeit, die Boolesche Variable *Gueltig* in die Parameterliste mit aufzunehmen, um das Ergebnis außerhalb dieser Prozedur auswerten zu können. Die Funktion *POT* kann in vielen anderen Programmen Verwendung finden, da sie nicht als Standardfunktion in Turbo-Pascal enthalten ist. Es gilt: $POT = e1^{e2}$.

Die Ausgabe von Integerzahlen in hexadezimaler Schreibweise wird durch die Funktion *HEX* ermöglicht. Hier wurde jedoch nicht die eleganteste, sondern die schnellste Art der Umwandlung gewählt. *Hartmut Voigt*

```
{READHEX  liest  hexadezimale  Ziffern  ein und  gibt  sie  als  integer
          zurueck }

procedure readhex(var aus:integer);
var ep:string[4];m,i,j,k:integer;gueltig:boolean;

function pot(e1,e2:real):real;
begin pot:=exp(e2*ln(e1));end;

begin
  repeat
    gueltig:=true;
    aus:=0;
    buflen:=4;
    read(ep);
    k:=0;
    for i:=1 to length(ep) do ep[i]:=upcase(ep[i]);
    if ep<>'' then
    begin
     repeat
       k:=k+1;
       if gueltig then gueltig:=ep[k] in ['0'..'9','A'..'F'];
     until k=length(ep);                {test auf hex-schreibweise}
      if gueltig then
      begin
        i:=0;
        m:=length(ep);
        for i:=1 to length(ep)  do
        begin
          m:=m-1;
          if ep[i] in['0'..'9'] then val(ep[i],j,k)
                                else
                                begin
                                  j:=ord(ep[i]);
                                  j:=j-$37
                                end;
          aus:=aus+(j*round(pot(16,m)));
        end;
      end else for i:=1 to length(ep) do write(^H);
    end;
  until gueltig or (ep='');
  if ep='' then aus:=0;
end;

{HEX ergibt den integerwert <a> als vierstelliger string   }

function hex(a:integer):str4;
const chiffre:array[0..15]of char=('0','1','2','3','4','5','6',
                                   '7','8','9','A','B','C','D','E','F');
var h:byte; kx:str4;
begin
   h:=hi(a) and $f0; h:=h shr 4; kx:=chiffre[h];
   h:=hi(a) and $0f; kx:=kx+chiffre[h];
   h:=lo(a) and $f0; h:=h shr 4; kx:=kx+chiffre[h];
   h:=lo(a) and $0f; kx:=kx+chiffre[h];
   hex:=kx
end;
```

Börse

Festplattenüberwachung

Das Betriebssystem DCP unterstützt das Erkennen von unbeabsichtigten Veränderungen/Verfälschungen eines Datenträgers nur ungenügend. Die Programme **DHEDL** und **DHPDL** wurden mit dem Ziel entwickelt, solche Veränderungen/Verfälschungen vor dem Auftreten schwerwiegender Fehler (z. B. vor der Sicherung der Dateien) zu erkennen.
DHEDL durchsucht einen gesamten Datenträger (auch Hidden- und SYS-Dateien) nach zu analysierenden Dateien und erzeugt eine Datenliste, die die wichtigsten Kennwerte der Datei enthält. **DHPDL** verwendet die durch DHEDL erzeugte Datenliste und vergleicht deren Angaben mit den tatsächlichen Werten auf dem Datenträger. Dabei werden folgende Abweichungen im Prüfprotokoll festgehalten: Veränderung der Dateigröße, der Dateiattribute, der Datei-Zeitangabe, Fehlen der Datei und neu hinzugekommene Dateien.

VEB Datenverarbeitungszentrum Halle, Abt. FP, Block 081, Halle-Neustadt, 4090 *Dierich*

Turbo-Konvertierung von CP/M nach MS-DOS

In unserem Betrieb ergab sich die Forderung, an einem A 7100 mit Turbo-Pascal erzeugte Dateien an MS-DOS-fähiger Gerätetechnik weiter verarbeiten zu können und die Resultate später erneut unter CP/M-Steuerung zur Verfügung zu haben. Die entscheidende Schwierigkeit dabei war die Überbrückung bzw. Erzeugung der Vier-Byte-Offsets, wie sie am Anfang der unter CP/M erzeugten Turbo-Dateien auftreten. Da beim Konvertieren in beiden Richtungen bis auf eine Ausnahme Quelle und Ziel als typenlose Dateien behandelt wurden, ergab sich zwangsläufig auch ein in der Abarbeitung sehr effizientes Programm.
Die Nachnutzung ist auf der Basis einer Kurzdokumentation und des Programmausdruckes problemlos möglich.

VEB Erfurter Malzwerke, Iderhoffstraße 3, Erfurt, 5010; Tel. 5 15 61, App. 66 *Heydecke*

Verteilter Compiler comFORTH-plus

Der verteilte Compiler comFORTH-plus ist ein leistungsfähiges Werkzeug zur interaktiven Programmierung verteilter und eingebetteter Mikrorechnersysteme. Voraussetzung für seinen Einsatz ist die Verfügbarkeit eines 8- oder eines 16-Bit-Rechners mit einem CP/M- oder MS-DOS-kompatiblen Betriebssystem als Entwicklungsrechner. Unterstützt werden die Prozessorfamilien Z 8, Z 80, 8086 sowie TMS320. comFORTH-plus stellt folgende Leistungen zur Verfügung: interaktives Programmieren und Testen eingebetteter Mikrorechner mit dem Komfort eines Personalcomputers, simultanes Programmieren und Testen mehrerer Zielsysteme, Einbeziehung der Funktionseinheiten mehrerer Rechnersysteme in ein Programm zur Koordinierung des Gesamtsystems.

FORTecH Software, Albert-Einstein-Straße 2, Rostock 6, 2500; Tel. 40 52 02 *Dr. Pfüller*

Kopplung A 7150 – DZT 120 × 90/RS

Wir bieten ein Programm zur Ausgabe von CADdy-Plotfiles auf dem Digitalzeichentisch DZT 120 × 90/RS (Carl Zeiss JENA) über die COM2- oder COM3-Schnittstelle zur Nachnutzung an. Getestet wurde das Programm auf einem A 7150 unter PC-DOS 3.3 mit CADdy V 3.04.
Wir suchen Technologen-Software (Maschinenbau/Gerätebau) zur Normzeit- und MVN-Berechnung für Schleifen, Fräsen, konventionelles Drehen, Gewindeschneiden (außen) u. a. für A 7150 oder K 1630.

VEB Baumwollspinnerei Leinefelde, Abt. RMB, Birkunger Straße, Leinefelde, 5600; Tel. 81 38 35 *Kozlowski*

Synchroner Adapter

Mit einem bei uns entwickelten Adapter besteht die Möglichkeit, 16-Bit-Personalcomputer der XT/AT-Klasse (EC 1834 mit direktem Steckverbinder) an die zentrale ESER-II-Rechentechnik anzuschließen. Mit einem speziellen Programm kann Terminalemulation (3270) sowie unter Nutzung des SVS 7.2 M 1 Dateitransfer (3780) betrieben werden. Dieser Adapter für die binäre synchrone Kommunikation (BSC) ist als Steckeinheit ausgelegt und in einem freien Slot des PC-Busses zu nutzen. Erfolgt der Anschluß des Personalcomputers über TSR/A (EC 8404 M), so besteht die Notwendigkeit, daß der vom ESER ausgesandte DKOI-Code zur Verarbeitung bis zum Endgerät gelangen kann.
Möglicher Lieferumfang: unbestückter BSC-Adapter mit Dokumentation, Stücklisten u. a., modifiziertes erweitertes TSR/A-Steuerprogramm

VEB Stahl- und Walzwerk Brandenburg, Abt. DV 3, Koll. Detlev Voigt, Straße der Aktivisten, Brandenburg, 1800; Tel. 55 26 15 *Schober*

Programmiertool PULLDOWN

Wir bieten mit dem Kommunikationsmodul PULLDOWN ein Programmtool an, das Pulldown-Menüs und Formulare verwaltet und somit eine universelle Nutzerschnittstelle für viele Bereiche der Softwareentwicklung darstellt. Folgende Funktionen werden durch den Modul ermöglicht: Generierung und Verwaltung von Einzelmenüs und Menübäumen sowie von Formularen, Zugriffsmöglichkeit des Anwendungsprogrammierers auf grundlegende Routinen des PULLDOWN-Systems.
Der Modul wurde in Turbo-Pascal 5.0 geschrieben und wird als Unit für den Anwender nutzbar sein. Im Programmpaket sind enthalten: die Unit PULLDOWN, ein Editor für die Formulardaten, ein Installationsprogramm für die Menüfarben und eine Beschreibung der Units. Anpassungen des Kommunikationsmoduls an spezielle Kundenwünsche werden nach Absprache ausgeführt.

VEB Starkstrom-Anlagenbau Leipzig, Abt. TM 2, Schützenstraße 4–6, Leipzig, 7010; Tel. 7 96 10 *Müller*

AutoCAD-Zeichnungen auf DZT 1200/900 RS

Das in einer 8- und einer 16-Bit-Version vorliegende Programm **ACADZT** ermöglicht das Zeichnen von AutoCAD-Plotdateien auf DZT, K 6418 u. ä. Geräten außerhalb von AutoCAD. Es können ferner plotterspezifische Parameter (Geschwindigkeit, Auswahl Zeichenstift, Lage Nullpunkt) definiert werden.

VEB Starkstrom-Anlagenbau Magdeburg, Abt. TEC, Blankenburger Straße 58/70, Magdeburg, 3014; Tel 4 84 58 *Darge*

IPC-Forth-System für 8-Bit-P8000

Die IPC-Forth-Systemsoftware Version 1.2 dient zur Nutzung eines 8-Bit-P8000 als Steuerrechner für die Bilderkennungseinheit BEE 1010. Die Lösung gestattet die Nutzung von Anwendersoftware für die BEE 1010 auf dem 8-Bit-P8000, die mit BS/PC entwickelt wurde. Voraussetzung: IPC-Forth-Systemsoftware, BEE 1010 (VEB Studiotechnik Berlin) und P8000 OS/M Version 3.0.

VEB Fernsehkolbenwerk Friedrichshain/Tschernitz, Abt. Technologische Entwicklung, Koll. Schulz, Tschernitz, 7591; Tel. 43 04 *Dr. Hemmann*

Parameterübergabe von Turbo-Pascal 4.0 an dBase III Plus

Die Parameterübergabe von Turbo-Pascal 4.0 an dBase III Plus ist nur über Dateien möglich, da dBase III Plus nicht mehr über die Funktionen PEEK und POKE verfügt und auch sonst kein Zugriff auf interne DOS-Funktionen vorgesehen ist. Dieses Problem ließ sich über das Environment des dBase-Programms lösen. In dBase III Plus gibt es eine Funktion GETENV (parameter), welche den Wert des Umgebungsparameters (parameter) aus dBase III Plus liefert. Es wurde eine Möglichkeit gefunden, den Parameter in das Environment des dBase III Plus-Programms einzutragen. Man kann den übergebenen Parameter über die Funktion GETENV in das dBase-Programm übernehmen. Das erfolgt mit der Turbo-Pascal-Unit DBPARA.TPU.

Staatliches Versorgungskontor für Pharmazie und Medizintechnik Berlin, ORZ, Projektierungsgruppe Schwerin, Baustraße 3, Schwerin, 2771; Tel. 55 81, App. 50 *Boyde*

Modulbibliothek und Programmierhilfen für Turbo-Pascal

Zu der im Heft 8/89 veröffentlichten Bibliothek bieten wir folgende Module an:
AUSWAHL-BOX Auswahl über Nummernmenü analog POWER
DB-BOX/DBR-BOX schnelles sequentielles Ausgeben/Lesen von REDABAS-Dateien (ab II aufwärts)
DCP-BOX systemspezifische Kommandos wie für Cursormanipulationen, Bildschirmattribute setzen, NUMLOCK an, Programmlaufzeit ermitteln, Kommandos ausführen u. a.
DRUCK-BOX Ausgabe von Listen auf Bildschirm, Drucker oder Diskette
FENSTER-BOX Benutzen gerahmter Windows
SUB-BOX Erzeugen und Abarbeiten von Stapelverarbeitungsdateien
SCP-DCP-BOX Datenportabilität zwischen SCP- und DCP-Dateien
USER-BOX Abfragen und Setzen des Userbereiches
ZDIR-BOX Inhaltsverzeichnis einschließlich Subdirectories.

Alle Module wurden unter Turbo-Pascal-Version 3.00 entwickelt; die Nutzung ab Version 4.00 ist möglich.
Steht man vor dem Problem, daß ein Pascal-Programm für unterschiedliche Betriebssysteme oder Hardwarekonfigurationen gepflegt werden soll, so ermöglicht das Programm **TQORG**, daß stets nur eine allgemeine Quelle zu pflegen ist und aus dieser Quelle eine system- oder hardwarespezifische Quelle erzeugt werden kann.
Das Programm **TPASSTRU** ermöglicht die statische und die dynamische Strukturanalyse von Turbo-Pascal-Quellen (ab Version 4.0 werden nicht alle Referenzen gefunden, und die Units können nicht analysiert werden). Das Programm ist ein effektives Mittel für die Dokumentation. Es ist während der Programmier- und Testphase sowie für die Programmwartung nutzbar.
Die beiden Programme stehen für alle Rechner unter SCP, SCP 1700 oder DCP zur Verfügung.

Institut für Forstwissenschaften Eberswalde, Organisations- und Rechenzentrum Potsdam, Virchowstraße 39/41, Potsdam, 1591; Tel. 7 69 41 *Neumann*

256 Farben für EGA- oder CGA-Karte

Es wurde die Unit **COLOR 256** für Turbo-Pascal-Version 5 entwickelt. In ihr werden jeweils zwei Pixel in x-Richtung zusammengefaßt. Somit lassen sich alle benötigten Turbo-5-Grafikbefehle mit folgenden Parametern abarbeiten:

- hochauflösender EGA-Modus:
  Standard: 640 × 350 Pixel,
  16 Farben
  COLOR 256: 320 × 200 Pixel,
  256 Farben
- hochauflösender CGA-Modus:
  Standard: 640 × 200 Pixel,
  2 Farben
  COLOR 256: 320 × 200 Pixel,
  4 Farben.

In Verbindung mit der ebenfalls entwickelten Unit **CGACOLOR** erreicht man im hochauflösenden CGA-Modus für den Schneider PC 1512 unter Ausnutzung seiner speziellen Eigenschaften folgende Werte:

Standard: 640 × 200
2 Farben
CGACOLOR: 640 × 200
16 Farben
CGACOLOR+COLOR 256:
320 × 200
256 Farben.

Bergakademie Freiberg, Sektion Mathematik, Akademiestraße 6, Freiberg, 9200 *Kraut*

Software für lineare Optimierung

Das Programmsystem **SM – plus** dient zur Verwaltung und zur Lösung linearer Optimierungsprobleme mit der Simplexmethode einschließlich Nachbetrachtung zur Stabilität der optimalen Lösung. Damit können insbesondere linear modellierbare Probleme der Produktionsplanung, der Materialplanung, der Materialausnutzung, Dosierung- bzw. Mischungsverhältnisse sowie Aufgaben der Investitionsplanung rationell bearbeitet werden. Das Programm ist geeignet für alle Betriebsgrößen, insbesondere aber für kleinere und mittelständische Betriebe der metallverarbeitenden Industrie, der Chemie-, Keramik-, Pharma- und Farbindustrie sowie der Landwirtschaft. Das Programm in Turbo-Pascal kann je nach Hardwarevoraussetzung Probleme mit ca. 200 Variablen und 100 Nebenbedingungen, durch zusätzliche Maßnahmen auch noch größere Aufgaben, behandeln.

Technische Universität Karl-Marx-Stadt, Sektion Mathematik, PSF 964, Karl-Marx-Stadt, 9010; Tel. 5 61 21 53 *Würker*

Kopplung Plotter – 8-Bit-Rechner

Zum Anschluß des Plotters **K 6418.02** an die gebräuchlichsten 8-Bit-Rechner wurde ein Treiber mit Ausgabefunktion entwickelt. Die Plotdatei kann unter Nutzung der verschiedensten Texterfassungsprogramme erzeugt werden. Nutzbar sind prinzipiell alle V.24- oder IFSS-Schnittstellen, die das Übertragungsprotokoll DC1/DC3 verwenden. Der entwickelte Treiber arbeitet mit 9600 Baud. Das Treiberprogramm kann zur Anfertigung von Schriftköpfen, Vordrucken, Schönschreibtexten, Beschriftung von Folien etc. genutzt werden. Für folgende Rechnertypen wurden Varianten entwickelt: P 8000, PRG 700, A 5120/K 8924-27, KC 85/2/3, K 8915 und PC 1715.

VEB Metallgußwerk Wernigerode, Abt. TR, Gießerweg 10, Wernigerode, 3700 *Adenstedt*

Baugruppenentwurfssystem

BESSY ist ein CAD-System zur durchgängigen rechnerunterstützten Bearbeitung elektronischer Baugruppen vom ersten Entwurf des Stromlaufplanes bis zur Bereitstellung aller Fertigungsunterlagen. BESSY unterstützt die Bearbeitungsstufen Stromlaufplaneditor, Layouteditor, Postprozeß. BESSY ist erweiterbar, anpaßbar, offen für den technischen Fortschritt, unterstützt fehlerfreie Entwürfe, hat hierarchische Menüs, ist einfach erlernbar durch die klare Bedienerführung, basiert auf einer relationalen Datenbank, unterstützt EGA- und CGA-Grafik, realisiert schnellen Bildaufbau mit einem leistungsfähigen Zoom und maßstäbliche Darstellung. Erforderliche Hard- und Software sind ein IBM-kompatibler PC, 512 KByte Hauptspeicher und mindestens eine 10-MByte-Festplatte, CGA oder EGA, Maus, Matrixdrucker, Plotter SPL-400, MS-DOS (ab Version 3.2 aufwärts).

Hochschule für Seefahrt Warnemünde-Wustrow, Direktorat Wissenschaftlicher Gerätebau, Richard-Wagner-Straße 31, Rostock-Warnemünde, 2530 *Bründel*

EPROM-fähiges Betriebssystem für Turbo-Pascal

Das Betriebssystem **MINITEST** basiert auf dem EPROM-fähigen Turbo-Pascal-Laufzeitmodul, entwickelt vom Institut für Bodenfruchtbarkeit der AdL Müncheberg (MP 9/88). MINITEST wurde für den Microrechner MLW-MR entwickelt (CPU: Z80, SIO, PIO, CTC, EPROM/RAM maximal 64 KByte, K 1520-kompatibler Systembus) und kann durch einfache Modifizierung der Treiber-Routinen aber auch an jeden anderen Z 80-Rechner angepaßt werden. MINITEST läuft unabhängig von handelsüblichen CP/M-kompatiblen Betriebssystemen und ermöglicht ein Programmieren der Nutzerprobleme in Turbo-Pascal 3.0.
Die Kopplung zwischen einem PC 1715 und einem abgesetzten Rechner wird von dem **KOPPEL**-Programm auf dem PC 1715 und dem **MANAGER** des Betriebssystemes MINITEST ermöglicht.

Medizin- und Labortechnik Leipzig, Forschungszentrum Dresden Overbeckstraße 48, Dresden, 8030; Tel. 5 97 31 88. *Landgraf/Sonnhild*

BÜRO

Folgende Softwarelösungen stellen wir Ihnen zur Verfügung: Das Programmpaket **Mail Master** ist ein netzfähiges PC-Programm zur Verwaltung von Kundendaten. Das Besondere sind die Selektions- und Sortiermöglichkeiten.
DAVE verwaltet Ihre Datenträgerbestände und Softwarebibliotheken mit modernem Komfort und bietet Ihnen daneben eine große Palette weiterer Leistungen.
ETI ist ein Programm für Entwurf und Druck von Etiketten, Visitenkarten, Namensschildern u. a. in beliebigem Format.

Benötigen Sie nähere Auskünfte zu unserem Angebot, so können Sie bei uns die Kurzdokumentation anfordern.

Bauakademie der DDR, IPS/Abt. COMPAL, Plauener Straße 163, Berlin, 1092; Tel. 37 83 34 94 *Piálek*

PC 1715-Tastatur mit parallelem Ausgang

Für K 1520 oder ähnliche Systeme mit parallelem Tastatureingang bieten wir die Möglichkeit, eine vorhandene PC 1715-Tastatur umzurüsten oder eine bereits umgebaute Tastatur zu erwerben. Damit können die kaum noch vorhandenen Tastaturen K 7632 ... K 7636 ersetzt werden. Einzige Einschränkung: Ausgaben an die Tastatur sind nicht möglich. Folgende Angebote sind vorhanden: komplett umgebaute Tastatur und Dokumentation, Austauschleiterplatten für vorhandene Tastatur mit Dokumentation, unbestückte Leiterplatte und Dokumentation oder nur Dokumentation.

VEB Robotron Büromaschinenwerk „Ernst Thälmann" Sömmerda, Werk Worbis, Querstraße 2, Wörbis; 5620; Tel. 30 *Becker*

MEOS-Disketten unter CP/M lesen

Bei uns wurde ein Programm geschaffen, mit dem 8″-MEOS-Disketten unter CP/M-80 gelesen und die MEOS-Files als CP/M-Files auf beliebige CP/M-Laufwerke (5,25″, 8″, RAM-Disk) kopiert werden können. Voraussetzung dafür ist ein CP/M-80-kompatibler Rechner, der 8″-Laufwerke unterstützt. Das sind z. B. umgerüstete MRES und A 51xx. Das Programm **COPYMEOS** ist für das Kopieren von Quelltexten entwickelt worden und führt deshalb keine Konvertierung von verschieblichen oder festen Phasen durch.
Interessenten können das Programm nachnutzen, wenn sie eine Diskette (5,25″ oder 8″) in einem CP/M-Standardformat einschicken.

Technische Universität Dresden, Sektion Informationstechnik, Bereich Kommunikations- und Computertechnik, Mommsenstraße 13, Dresden, 8027; Tel. 4 63 39 41 *Johannsen*

Raumplanung

Es wurde ein universell einsetzbares Programm zur Verwaltung umfangreicher Raumpläne, z. B. von Universitäten, Schulen, Ausstellungs- und Messezentren u. ä., für den Arbeitsplatzcomputer A 7100 entwickelt. Behandelt werden regelmäßige (wöchentlich und 14täglich) sowie einmalige Veranstaltungen in maximal 5 Gebäuden zu je 255 Räumen. Das Programm bietet die Möglichkeit, nach Teilnehmern, Veranstaltern oder freien Räumen zu suchen, sowie die des Druckes von Stunden- und Raumplänen. Bei der Suche nach freien Räumen wird nach Kapazität und technischer Ausstattung unterschieden und der ausgewählte Raum mit einer gewünschten Veranstaltung belegt.
Bei Zusendung einer Diskette bieten wir jedem Interessenten die Dokumentation des Programms.

Karl-Marx-Universität Leipzig, Sektion Mathematik, Karl-Marx-Platz, Leipzig 7010 *Gumpert/Fischer*

Verschlüsselung von Zeichnungsnummern

Das Programmsystem **CODE35** nimmt Verschlüsselungen zu 8stelligen Kodes vor. Der Kode kann unter MS-DOS als Zeichnungsname Verwendung finden. Damit besteht ein direkter Zusammenhang zwischen Zeichnungsfilenamen und Zeichnungsnummern. Es ist eine Lösung für folgende Zeichnungsnummernstruktur vorhanden: xxx.xx-xxx.x/x
Änderungen des Programms sind für ähnliche Strukturen möglich. Funktionen: Kodierung, Dekodierung, Ausgabe einer Tabelle tl. verschlüsseltem Directory mit Dekodierung, Ausgabe einer Tabelle von Teilen des Directorys (Zeitraum, bestimmte Extension, bestimmte Zeichnungsnummer (von–bis)), Suchen eines Zeichnungsfiles auf einem verschlüsselten Directory, Erzeugen des Zeichnungsfiles für PolyCAD.

VEB Polygraph Druckmaschinenwerk PLAMAG, Abt. TS, CAD-Gruppe, Postfach 47, Pausaer Straße 284, Plauen, 9900; Tel. 28 14 13 *Streich*

Programmpaket TASTAR

Das Programmpaket TASTAR ermöglicht es, Programme zur Datenerfassung und Datenpflege im Dialogbetrieb zu erzeugen. Die hiermit bearbeiteten Dateien sind die Dateien des aus Turbo-Pascal bekannten Turbo-Access-Systems. Diese ermöglicht den Direktzugriff auf jeden Datensatz anhand seines Schlüssels. Darüber hinaus besteht die Möglichkeit, Textdateien aus diesem System auszugeben.
Zum Programmpaket gehören die drei Programme ETAF (Entwurf TA-File) und UTAF (Umsetzung TA-File) sowie die Quelltextkomponente BTAF (Bearbeiten TA-File). Das Programmpaket TASTAR gibt es für 8- und 16-Bit-Technik.

VEB Chemiefaserwerk Premnitz, Abt 252 (ORZ), Premnitz, 1832; Tel. 4 34 63 *Daur/Wiesener*

Leiterplattenkapazität

Es wird freie Kapazität für durchkontaktierte Leiterplatten einschließlich Trockenstrecke angeboten. Folgende Arbeiten werden durchgeführt:
1. Layout-Digitalisierung (Herstellung von Bohrlochstreifen und Lichtzeichenunterlagen)
2. Leiterplatten bohren laut Bohrlochstreifen
3. Planfilm/Glasoriginal/Lichtzeichnen
4. Entwicklung Planfilm/Glasoriginal
5. Herstellung Planfilm für Lötmasken und Bestückungsaufdruck, unter den Voraussetzungen:
1. Maßhaltiges Layout, Maßstäbe 1:1, 2:1, 4:1
2. Bohrplan mit Lochdurchmessern und Lochanzahl pro Durchmesser nach TGL 31431, Bl. 1
3. Stromlaufplan nach TGL 16084, Bl. 1
4. Bestückungsplan nach TGL 16085, Bl. 1.

VEB Betonwerke Laußig, Werk Kemberg, Straße der MTS 2, Kemberg, 4604 *Krüger*

Wir suchen ...

... Konvertierungsprogramme für CADy ab Version 3.04, PC-LES und LKA85 zur Ansteuerung der ADMAP 5. mit einem 8-Bit-Bürocomputer

INTERFLUG, Flugversicherung/RMEB, Flughafen, Berlin, 1189; Tel. 6 72 77 31/75 92/77 05 *Spangenberg/Grabow*

MP Entwicklungen und Tendenzen

80386 SX-Familie jetzt auch mit 20 MHz

Während einige Hersteller Versionen des 16-Bit-Prozessors 80286 bereits mit 20 und 25 MHz liefern, war die Taktfrequenz von Intels 80386 SX bisher auf 16 MHz begrenzt. Nun beginnt Intel mit der Lieferung auch einer 20-MHz-Version des 80386 SX. Ein System auf der Basis des 20-MHz-386 SX und mit dem Cache-Controller 82385 SX-20 soll dann gegenüber auf dem Mikroprozessor 386 SX-16 basierenden Systemen Leistungssteigerungen von bis zu 40 Prozent erzielen.
Der Mikroprozessor 386 SX ist eine Version des Industriestandards 386 DX mit externem 16-Bit-Bus. Diese Eigenschaft erlaubt es Computerherstellern, Produkte mit den Kompatibilitäts-, Multitasking- und Leistungsvorteilen der Intel-386-Architektur zu Preisen vergleichbar ausgestatteter 16-Bit-Systeme anzubieten.
Die 20-MHz-386 SX-Familie umfaßt:

- Mikroprozessor 386 SX
- PC AT-Chipsatz 82340 SX
- Cache-Controller 82385 SX
- Arithmetik-Koprozessor 387 SX
- LAN-Koprozessor 82596 SX.

Die neue 20-MHz-Version wird in Intels CHMOS-IV-Prozeßtechnologie gefertigt, welche die Leistungsaufnahme gegenüber Produkten gleicher Taktfrequenz – produziert mit den Vorgänger-Prozeß – um über 30 Prozent reduziert. CHMOS IV erweitert den zulässigen Betriebstemperaturbereich von 0 bis 85 °C und steigert die Zuverlässigkeit des Bauelements.
Für Notizbuch- und Laptop-PCs bietet Intel eine Version mit noch geringerer Verlustleistung an, die mit reduzierter Frequenz von 2 MHz arbeitet, wenn das System in einen Standby-Mode mit niedriger Leistungsaufnahme versetzt wird.
Für PC AT-Entwicklungen ist der *Chipsatz 82340 SX* verfügbar. Dieser neue Zwei-Chip-Satz bietet den OEMs die höchstintegrierte Buslösung der Industrie. Er ermöglicht den Entwicklern den Aufbau von SX-Systemen mit weniger Chips – keine TTL-Schaltungen erforderlich – für billigere und kompaktere Modelle.
Durch den Einsatz des *Cache-Controllers 82385 SX-20* kann eine Leistungssteigerung von bis zu 40 Prozent erzielt werden. Der Controller erreicht dies durch Reduzierung der Prozessor-Wartezyklen und der Bus-Zugriffszeiten. Für hohe Systemflexibilität unterstützt der 82385 SX-20 sowohl direkt abbildende als auch zweiweg-assoziative 16-KByte-Cachedesigns. Darüber hinaus integriert er das Cache-Directory und die Cacheverwaltungslogik auf einem einzigen Chip und unterstützt den vollen 386 SX-Adreßraum von 4 GByte.
Eine 20-MHz-Version des *Arithmetik-Koprozessors 387* zur Unterstützung des 386 SX-20 ist ebenfalls von Intel verfügbar.
Der *32-Bit-LAN-Koprozessor 82596 SX-20* arbeitet parallel zum 20-MHz-Mikroprozessor und übernimmt unabhängig davon alle LAN-Funktionen in CSMA/CD-Netzwerken. Der 82596 SX überträgt Daten mit der vollen Bandbreite des 16-Bit-E/A-Systembusses und der 10-Mbit/s-Ethernet-LANs und benötigt zur Unterstützung eines voll ausgelasteten Ethernet-Netzwerks lediglich sechs Prozent der Systembusleistung.
Der LAN-Koprozessor läßt sich auf der Systemplatine ohne zusätzliche externe Beschaltung unterbringen und reduziert damit die Bauteile-Anzahl, die Komplexität und die Kosten des Systems. *MP*

Keine Weiterentwicklung von Turbo-Basic

Borland wird Turbo-Basic nicht mehr weiterentwickeln; die Borland GmbH Deutschland bietet allen Turbo-Basic-Kunden ein preiswertes Update anderer Programmiersprachen, beispielsweise Turbo-Pascal oder Turbo-C, auch in deren Professional-Versionen an. Turbo-Basic wird zwar weiterhin von Borland betreut; die Weiterentwicklung wird jedoch in den USA von dem Unternehmen „Spectra Software" übernommen. Bereits im Dezember soll die erste Version des nun PowerBasic genannten Produkts veröffentlicht worden sein. *MP*

Sharp nun auch mit MS-DOS-Laptop

Als sensationell bezeichnet Sharp seinen zur CeBIT '90 vorgestellten Mini-Laptop-Computer. Der netzunabhängige **PC-6220** wiegt unter 2 kg, kommt im A4-Format und ist nur 35 mm dünn: Ein extrem leichtgewichtiger und dabei vollwertiger PC, der – in einem Komponentensystem – als echter Arbeitsplatz-PC einsetzbar sein soll. Er ist ausgestattet mit einem wahlweise 6, 8 oder 12 MHz schnellen 80C286-Prozessor, 1 MByte RAM (aufrüstbar auf 3 MByte), einer 2,5-Zoll-Festplatte mit 20 MByte und 23 ms mittlerer Zugriffszeit. Für Erweiterungen steht ein Sockel für einen 80C287-Koprozessor zur Verfügung. Der PC-6220 enthält das Betriebssystem MS-DOS 4.01 im ROM und verfügt unter anderem über eine serielle und eine parallele Schnittstelle.
Etwas Besonderes ist der Bildschirm: Hier setzt Sharp erstmals die neue Triple-Supertwisted-Technik (TST) ein, die eine VGA-kompatible Darstellung mit 640 × 480 Bildpunkten schwarz auf weiß ermöglicht. Gegenüber herkömmlichen LCDs werden noch höherer Kontrast und mehr Grauabstufungen bei leichterer und schmalerer Bauweise erreicht.
Eine weitere Besonderheit ist das Komponenten-System mit einem für derartige Laptops neuen Erweiterungskonzept. Über Steckanschlüsse ist der PC-6220 durch einfaches Anfügen weiterer Komponenten zu einem kompletten netzwerkfähigen PC-System aufrüstbar. Zu den Komponenten gehören eine 10er-Block-Tastatur, ein 3,5-Zoll-Diskettenlaufwerk und eine Expansionsbox, die zwei freie Steckplätze für AT-kompatible Karten enthält. Für den Datenverkehr zu anderen Computern ist die Kommunikationssoftware im Lieferumfang enthalten. In den Handel kommt der PC-6220 ab Mitte des Jahres, der noch nicht feststehende Preis soll unter 10 000 DM liegen. *MP*

Microsoft: Entwicklungsumgebung für Assembler

Quick-C wurde jetzt von Microsoft um einen Quick-Assembler erweitert, der in die Entwicklungsumgebung von Quick-C integriert wurde. Damit werden sich die beiden – nach Marktuntersuchungen von Microsoft – am häufigsten von Entwicklern auf PCs benutzten Sprachen in Zukunft in einer gemeinsamen, einheitlichen Bedienoberfläche präsentieren. Die zeitkritischen Anwendungen und Zugriffe auf die Systemebene von MS-DOS oder auf die Hardware in Assembler-Code können jetzt wesentlich einfacher in den C-Code eingebunden werden. In dem Paket enthalten sind ein Editor, Compiler und Debugger. Sie werden aber gegenwärtig nur in einer englischen Version ausgeliefert. Die meisten Entwickler dürfte dies aber kaum am Einsatz hindern oder gar abschrecken. *MP*

Neue Unix-Workstation Siemens WX200

Siemens erweitert seine Arbeitsplatzsysteme um die in Augsburg gefertigte Unix-Workstation-Familie WX200, die eine volle Sinix-Integration garantiert.
Sie setzt sich aus vier Modellen zusammen: zwei Desktop-Varianten (10DT und 20DT), von denen eine das Bild zeigt, und zwei Tower-Modellen (30T und 40T). Eingesetzt werden die Intel-Standardprozessoren 386/486, die modellabhängig von 16 MHz aufwärts bis zu 33 MHz getaktet sind. Der Anwender hat die Wahl zwischen Monochrom- und Farb-Bildschirmen. Der kleine Bildschirm bietet eine Auflösung von 640 × 480 Pixeln, die größeren bieten 1280 × 1024 Bildpunkte. Beim 19-Zoll-Farbbildschirm können 256 Farben gleichzeitig dargestellt werden.
Als Software wird Sinix Open Desktop angeboten, das auf dem anerkannten Open Desktop – mit Unix System V/386 Release 3.2 – der Santa Cruz Operation (SCO) basiert. Dieses Softwarepaket ist eine integrierte Betriebssystemumgebung, die alle Komponenten vom Betriebssystem über Datenhaltung und Vernetzung bis hin zur grafischen Bedienoberfläche umfaßt. Zusätzlich zur weitreichenden Quellcode-Kompatibilität innerhalb der Unix-Welt (z. B. X/Open, Unix V.2 und V.3) wird als Besonderheit Binärcodekompatibilität zu anderen Rechnern mit Intel-Prozessoren (z. B. mit Open Desktop oder Unix System V/386) und damit der direkte Zugang zu einem weltweiten Softwaremarkt geboten. Daten und Programme innerhalb der WX200-Familie können problemlos ausgetauscht werden.
Die Workstation bietet mit Sinix Open Desktop:

- Unix nach internationalen Standards (X/Open)
- grafische Bedienoberfläche OSF/MOTIF, basierend auf X/Window
- relationales Datenbanksystem mit SQL
- volle LAN-Anbindung (z. B. TCP/IP, NFS)
- DOS-Emulation unter Unix; damit können Unix- und MS/DOS-Programme gleichzeitig genutzt werden.

Siemens hat das Open Desktop von SCO um X/Open-Funktionen ergänzt und wird dieses integrierte Softwarepaket bei X/Open zur Validierung vorlegen.
Haupteinsatzbereiche der WX200 liegen im Büro mit Sinix-Standardanwendungen und Desktop-Publishing, in Aufgabengebieten des 2D-CAD (Variantenkonstruktion, Stromlaufpläne) mit Sigraph, beim Software-Engineering (CASE) mit Domino und im Feld der Expertensysteme, wo zum Beispiel mit Prolog ein geeignetes Werkzeug für die Entwicklung solcher Systeme zur Verfügung steht. *MP*

Neuer Motorola 68040 im Einsatz

Von zahlreichen namhaften Computerherstellern liegen bereits Absichtserklärungen vor, das neue Flaggschiff der Motorola-Prozessoren, den 68040, als Grundlage für Computerentwicklungen zu nutzen.
Erster scheint nun die britische Firma Tadpole Technology geworden zu sein. Sie stellte zwei Rechner vor: den TP 40V speziell für Netzwerke und den TP 41V mit VME/VSB-Bus. Die Systeme besitzen je eine Ethernet-Schnittstelle und zwei RS-232-Interfaces, letzteres zusätzlich eine SCSI-Schnittstelle sowie 32 MByte maximalen Hauptspeicher. Die Leistung der Systeme soll bei 20 MIPS bzw. 3,5 MFLOPS liegen.
Als Betriebssystem wird eine Version des AT & T-Unix-Systems V3 angeboten. *MP*

Miniatur-Diskette

Die Firma IBM gab die Entwicklung einer sechs Quadratzentimeter großen Diskette bekannt. Auf dieser Diskette sollen Informationen von zirka 100000 A4-Seiten untergebracht werden können. Das entspräche einer Speicherkapazität von einer Milliarde Bit. Um diese Gigabit-Speicherdichte zu erreichen, seien neuartige Komponenten, darunter Dünnfilm-Speicherköpfe und -platten, sowie hochentwickelte Elektronik kombiniert worden. Bei dem Prototyp sollen alle kritischen Hardware-Komponenten in konventionellen Fertigungsprozessen hergestellt worden sein. Der experimentelle, aus zwei Elementen bestehende, Dünnfilm-Speicherkopf enthält laut IBM ein induktives Schreibelement und ein magnetoresistives Leseelement. Er fliegt in einer Höhe von weniger als 0,05 µm über die Plattenoberfläche. Die Speicherköpfe gegenwärtig erhältlicher Plattenlaufwerke gleiten in einer Höhe von 0,15 bis 0,38 µm über die Plattenoberfläche.
Die neuentwickelte Diskette besteht aus Aluminium, das mit einer Kobaltlegierung überzogen wurde. Ein dünner Überzug aus hartem Material schützt die Legierung vor einem Kontakt mit dem Speicherkopf.
Bevor die neuen Disketten im Handel erhältlich sind, sollen nach Angaben von IBM noch mehrere Jahre vergehen.

Quellen: Handelsblatt vom 2. 1. 1990 Eildienst. – Berlin (1990) 17. – S. 4 *Fa*

Speicherelemente dichter packen

Um die Packungsdichte bei elektronischen Speicherelementen erheblich zu erhöhen, arbeitet eine Gruppe von Elektronikern des japanischen Unternehmens Sharp Corp., Osaka, an der Entwicklung neuer Werkstoffe. Wenn es möglich würde, die Isolationsschicht zwischen den Elektroden von Kondensatoren zu reduzieren, würde sich der Platzbedarf für die Kondensatoren dynamischer Speicherchips um rund 20 % und beim kompletten Chip insgesamt um rund 10 % verringern. Mit den gegenwärtig benutzten Werkstoffen ist das wegen der zu hohen Leckströme nicht möglich.
Als Isolationsschicht testet die japanische Entwicklergruppe Siliziumnitrid, das eine verbesserte elektronische Isolationswirkung aufweist und lediglich noch eine Dicke von 3,8 nm benötigt. Für die Fertigungstechnik ergeben sich damit geringe Veränderungen.
Die Firma ist jetzt dabei, das neue Verfahren für die Produktion von 16-MBit-DRAMS aufzubauen.

Quelle: Blick durch die Wirtschaft vom 18. 12. 1989 *Fa*

Hochintegrierte schnelle optoelektronische Chips für Großrechner

Einer Gruppe von Wissenschaftlern der Firma IBM ist es gelungen, einen Bausatz zu entwickeln und herzustellen, der aus zwei optoelektronischen Chips für Hochgeschwindigkeitsverbindungen in Computern besteht. Dieser Bausatz, der aus einem Sender- und einem Empfänger-Chip besteht, soll Datenraten bis zu 1 GBit/s übertragen können.
In Bereichen mit rechenintensiven Computeranwendungen, wie Wettervorhersagen und Flugsimulation, müssen Milliarden und teilweise sogar Billionen von Datenbits verarbeitet werden. Die Übertragung derart umfangreicher Datenmengen von einem Rechner zum anderen erfordert effizientere und leistungsfähigere Transporttechniken.
Muster des optoelektronischen Sender-Chips bestehen aus vier runden Stäben, die in ihren Aussparungen optische Fasern von der Stärke eines menschlichen Haares haben. Auf dem Rand vor jeder Faser sind vier leistungsstarke, mikroskopisch kleine Laser zu erkennen, die mit einer elektrischen Leitung verbunden sind. Sie wandeln die digitalen Computersignale in Lichtimpulse um. Die optischen Fasern sammeln das Licht jedes Lasers und senden es zu anderen Rechnern.
Auf dem Empfänger-Chip befinden sich 50mal mehr optische und elektronische Bauelemente, als bisher jemals auf einem optoelektronischen Chip integriert wurden, darunter über 8000 Transistoren mit Strukturbreiten von 1 µm. Die optischen Fasern werden in einem genau berechneten Winkel schräg angeschnitten, so daß das zu übertragende Lichtsignal gezielt auf die Fotodetektoren auftrifft. Diese sind nicht zu erkennen, da sie im Schattenbereich der Fasern liegen. Die Fotodetektoren nehmen die Lichtimpulse, die mit einer Geschwindigkeit von 1 GBit/s ankommen, auf und wandeln sie in elektrische Signale um. Sender- und Empfänger-Chip werden aus GaAs hergestellt, das sowohl für sehr kleine Laser und Lichtdetektoren als auch für sehr schnelle elektronische Schaltkreise mit geringem Energieverbrauch geeignet ist. Auf den Chips wird eine große Anzahl der elektronischen Schaltkreise mit den lichtaussendenden und lichtempfangenden Bauelementen verbunden, so daß die in MESFET-Technik (Metal semiconductor field effect transistor) entwikkelten Chips sowohl digitale und analoge als auch optische Funktionen umfassen. Dadurch wird eine wesentliche Steigerung der Leistungsfähigkeit in der Datenkommunikation erzielt. Der der Datenübertragung dienende Laserstrahl wird von einem weiterentwickelten GaAs-Injektionslaser erzeugt.
Die bisher nur experimentell hergestellten Muster-Chips sind bereits als fertige Bauelemente montiert worden, wobei Übertragungsleistungen von 1 GBit/s erreicht wurden. Über Vorbereitungen für den industriellen Einsatz erfolgten noch keine Veröffentlichungen.

Quelle: Mikroelektronik. – Berlin(W)/ Offenbach (1989) 6 *Fa*

Computer mit künstlicher Intelligenz

Das VW-Tochterunternehmen „Gesellschaft für technische Datenverarbeitungssysteme" (VW-GEDAS) will nach eigenen Angaben mit Ergebnissen aus staatlich finanzierten Forschungsaufträgen zum Marktführer im Bereich der Computer mit Künstlicher Intelligenz werden. Dazu soll das von der Gesellschaft für Mathematik und Datenverarbeitung (GMD) entwickelte System BABYLON zu einem industriegerechten Produkt weiterentwickelt und professionell vermarktet werden (Entwicklungszeit: 18 Monate). VW-GEDAS will bis 1995 rund 10 Mrd. DM investieren, um BABYLON zu einem leistungsfähigen „Expertensystem zur Produktion von Expertensystemen" für alle Computertypen (vom PC bis zum Großrechner) weiter entwickeln und vermarkten zu können. *Fa*

Chip-Entwicklung bei IBM

In dem neuen Semiconductor Technology Center (ASTC) der Firma IBM sollen künftig Logik- und Speicherchips mit Hilfe der Röntgenstrahllithografie entwickelt und auch für die Serienfertigung vorbereitet werden. Im ASTC wird der derzeit einzige im nichtstaatlichen Besitz befindliche Synchrotronspeicherring der USA für Röntgenstrahllithografie installiert. Diese Technologie ermöglicht es, die Grenzen der momentan eingesetzten optischen Lithografie zu unterscheiden. Damit lassen sich Strukturen von weniger als 0,5 µm Breite auf Silizium abbilden, und die Herstellung von noch dichteren, schnelleren und leistungsfähigeren Chips wird möglich.
IBM beabsichtigt, mit der US-Regierung zusammenzuarbeiten. Sie machte das Angebot, ihr Röntgenstrahl-Laboratorium mit ausgewählten Firmen gemeinsam zu nutzen. Ein erster Kooperationsvertrag wurde bereits mit dem Chipproduzenten Motorola abgeschlossen. Dieser Vertrag sieht vor, daß sechs bis acht Ingenieure der Firma Motorola zunächst für 21 Monate am Röntgenstrahllithografie-Programm von IBM mitarbeiten.
IBM investierte bereits rund eine halbe Milliarde Dollar in das ASTC, mit dessen Bau vor drei Jahren begonnen wurde. Die endgültige Inbetriebnahme ist für 1991 vorgesehen.

Quelle: Konstruktion und Elektronik. – Landsberg (1989) 51 – S. 1 *Fa*

Schnelles Text-Datenbanksystem

Zum elektronischen Einlesen und Wiederauffinden von Texten hat die Firma Hitachi Ltd. ein sehr schnelles Datenbanksystem entwickelt. Dabei wird jedes Wort, das in einem Text enthalten ist, als Suchbegriff genutzt. Ohne aufwendiges Indizieren wie bei herkömmlichen Datenbanksystemen kann jedes Wort zum direkten Suchen in den gespeicherten Texten verwendet werden. Ein solches Suchen nach gewünschten Informationen dauert bei einer Wortmenge, die der eines Zeitungsjahres (rund 72 Millionen Wörter) entspricht, nur etwa 1,5 Sekunden.
Bei der Volltextrecherche (dreistufige Recherche) werden automatisch anhand eines vorgegebenen Suchbegriffes Synonyme und Wörter generiert, die denselben Sachverhalt beschreiben. Ein hierarchisches Vorauswahlsystem bearbeitet automatisch eine Zusammenstellung verdichteter Texte und eine Zeichenzusammensetzungstabelle vor den komprimierten Informationen. Das gesamte System umfaßt:
- eine RAM-Floppy mit einer maximalen Lesegeschwindigkeit von 20 MByte/s
- ein Magnetplattensystem mit 10 MByte/s
- einen Suchprozessor mit einem Durchsatz von 1,6 MByte/s
- einen spaltenorientierten Zeichensuchprozessor mit 20 MByte/s.

Das entspricht insgesamt einer Systemantwortgeschwindigkeit von 100 MByte/s. 25000 technische Dokumente mit durchschnittlich je 10000 Wörtern können in rund fünf Sekunden durchsucht werden.
Das System eignet sich zur Informationsverwaltung gespeicherter Patente, Bücher sowie Zeitungs- und Zeitschriftenartikel.

Quelle: New Technology Japan. – (1989) 11 *Fa*

NEC mit 64-MBit-Chip-Technik

Die Firmen NEC Corp. und Sanyo Chemical Industries Ltd. haben gemeinsam ein organisches Polymer aus Styrol und Chlormethylstyrol zur Herstellung eines „Mikrochips mit flacher Oberfläche" entwickelt. Mit dieser Technik könnten Halbleiter produziert werden, die eine Speicherkapazität von 64 MBit oder mehr aufweisen. Diese neue Technik kann bei CCDS, LCI sowie bei Magnetköpfen für dünne Filme eingesetzt werden.

Quelle: Blick durch die Wirtschaft vom 9. 1. 1990 *Fa*

Dreidimensionale Bauelementeanordnung auf Leiterplatten

Die Erhöhung des Integrationsgrades und der Komplexität der Schaltungen führt zu einer gesteigerten Anzahl von Verbindungen der Chips untereinander. Trotz der Verringerung der Leiterbahnbreite sind die Möglichkeiten zur Unterbringung auf der zweidimensionalen Leiterplattenfläche nicht mehr ausreichend, weshalb die dritte Dimension genutzt wird.
Unter der Bezeichnung ‚Chiprack' wird von der Firma Ultra Electronics eine Lösung vertrieben, die eine weitere Erhöhung der Packungsdichte gestattet. Sie besteht aus Bauelementefassungen und Verbindungselementen. Die Fassungen sind doppelseitig mit Kontakten versehen und führen Verbindungen nach oben und nach unten. In dieser „Regalanordnung" bestehen Verbindungen von einer Ebene zur anderen. Die reguläre Anordnung aller Blöcke und Stapel ermöglicht eine einfache Montage. An der Außenseite jedes Stapels befinden sich außerdem Anschlüsse, die für Tests oder zusätzliche Verbindungswege genutzt werden können.
Ein kleines Prototypsystem – auf dem Prozessor Z-80 basierend – benötigt nur 20 % des Volumens gegenüber konventioneller Verbindungstechnik. Ein in SMD-Bauweise ausgeführtes System benötigt mehr als das doppelte Volumen des Chiprack-Designs.

Quelle: eee. – Leinfelden-Echterdingen (1989) 25. – S. 52, 53 *Fa*

Literatur

Einführung in die digitale Vermittlungstechnik

von H. Klier u. V. Seidel, Reihe Informationselektronik, VEB Verlag Technik, Berlin 1989; 184 S., 123 Abbildungen, 15 Tafeln, DDR 19,00 M

Fachliteratur zur Vermittlungstechnik auf unserem Büchermarkt entspricht dem Stand der Vermittlungssysteme in unseren Netzen. Diese merkliche Lücke können auch nicht Informationen in Fachzeitschriften oder in der Reihe „Berichte zur Nachrichtentechnik" schließen. Um so mehr Anerkennung verdient die Leistung der Autoren. Viele Ingenieure und Techniker der Fernmeldetechnik, der Hard- und Software, Studenten und sicher in Kürze sogar Lehrlinge und Facharbeiter werden dafür sorgen, daß der Titel rasch vergriffen ist. Man muß berücksichtigen, hier handelt es sich um eine spezielle Einführung in High-Tech.
Das Anliegen der Autoren, in knapper Form, den roten Faden nicht aus den Augen verlierend, den Gegenstand so vollständig zu beschreiben, daß dem Leser ein Grundwissen vermittelt wird, auf dem er aufbauen kann und das den Einstieg in weiterführende Literatur (vgl. auch Quellenverzeichnis) erleichtert, ist gut gelungen. Ergänzt sei, daß aufgrund der immer größer werdenden Breite der Nachrichtentechnik sich jeder Spezialist bei Bedarf schnell über neue Beschreibungsmethoden und Funktionsprinzipe der digitalen Vermittlungstechnik orientieren kann. Die ersten 20 Seiten sind als Grundlage für das weitere Verständnis der PCM-Technik gewidmet. Der Abschnitt 3 zu den Aufgaben der Vermittlungstechnik beinhaltet das grundsätzliche Einordnen der Vermittlungsstellen in das Netz und die Charakteristika der wesentlichen Blöcke. Abschnitt 4 nutzt moderne Darstellungs- und Beschreibungsformen. Das Einarbeiten in SDL (Specification and Description Language) bereitet dem rechentechnisch vorgebildeten Leser keine Probleme. Der Vermittlungstechniker, der noch an Stromlaufplan und Relaisdiagramm gewöhnt ist, sollte diesem Punkt mehr Aufmerksamkeit widmen oder noch zusätzliche Literatur zu Rate ziehen. Im 5. Abschnitt werden Koppelanordnungen und Steuerungsprinzipe beschrieben und verglichen. Der folgende Abschnitt untersetzt das nochmal mit möglichen Bauelementetechnologien.
Wenn man berücksichtigt, daß die Software für ein Vermittlungssystem international über 30 Prozent bei der Entwicklung in Anspruch nimmt und für den Betrieb erheblich ist, ist es logisch, daß die Autoren im 7. Abschnitt dafür 40 Seiten verwenden. Hier wird das notwendige Umlernen für die Fachleute der konventionellen Vermittlungstechnik nochmals ganz deutlich. Der knappe Ausblick auf das ISDN erscheint aus der aktuellen Situation heraus als ausreichend.
Bei diesem Buch ist man sich jederzeit sicher, daß die Autoren wissen, wovon sie schreiben; sie bringen auch Entwicklungen mit ein, an denen sie selbst beteiligt waren. Nur dem aufmerksamen Leser oder dem Fachmann fallen einige „Schönheitsfehler" auf. Sie betreffen die Terminologie (Jargon, zweideutiger Terminigebrauch, Nichtbeachtung jüngster Standards), vereinzelte Auswahl untypischer Beispiele zur Beweisführung, wenige Schreib- und Interpunktionsfehler.
Letzteres und das kaum hilfreiche Sachwortregister sind sicher dem Lektor anzulasten.
Wenn man ins Kalkül zieht, welche Entwicklung unsere öffentlichen und nichtöffentlichen Netze und Dienste nehmen müssen, ist das vorliegende Buch ein willkommener, guter Einstieg. Ausbildungs-, wissenschaftliche, praxisorientierte Literatur und Nachschlagewerke müssen folgen.

Bergmann

Rationelle Textverarbeitung mit WordPerfect 5.0

von H.-P. Förster u. M. Zwernemann, Reihe Chip Wissen, Vogel Buchverlag, Würzburg 1989, 160 S., 37 Abb., 2 Disketten
5,25 Zoll, 48,– DM

Wer Gelegenheit hatte, das enorm mächtige Textverarbeitungssystem WordPerfect 5.0 und dessen Leistungsspektrum einmal aus der Nähe zu begutachten, der wird gut verstehen, wie dankbar jeder Anwender über verständlich und übersichtlich geschriebene Literatur sein muß, die den hoffnungslos überforderten Original-Handbüchern zur Seite stehen will.
Ein Anspruch, dem das vorliegende Buch durchaus gerecht wird. Das ist wohl vorrangig auf die Tatsache zurückzuführen, daß sich dieses Buch auf ausgewählte Probleme beschränkt, die jeder anspruchsvolle Anwender eines jeden Textverarbeitungssystems schon irgendwie bewältigt haben möchte. Dies muß gar nicht in jedem Fall etwas mit den spektakulären Möglichkeiten der Grafikeinbindung von WordPerfect zu tun haben. Hier ist in der Praxis in den allerwenigsten Fällen etwas falsch zu machen. Wie wäre es aber zum Beispiel mit einem stilgerechten und professionellen Layout der Texte per Tastendruck? Ein durchaus nicht einfaches Problem, wenn es wie bisher für jeden Text auch noch mühselig neu entworfen werden muß. Wenn man dann auch noch mit Hilfe von „Textbausteinen" seine Schreibarbeiten rationalisieren will, steht man scheinbar vor einem hoffnungslosen Dilemma.
An dieser Stelle springen die ersten Kapitel dieses Buches ein und führen überzeugend und an vielen Beispielen die Vorzüge dieses Textverarbeitungssystems vor.
Aber auch die folgenden Kapitel, die sich eingehend mit den Misch- und Rechenfunktionen von WordPerfect beschäftigen und Leistungsfähigkeit dokumentieren, indem Briefe gleich serienweise ihre Adressen aus dBase-Dateien holen und Rechnungsformulare sich praktisch selbst erstellen, lassen den Leser kaum lokker und regen zum Nach- und Bessermachen an. Wenn dann allerdings versucht wird, die ohnehin schon streitbare «Marktprogrammiersprache» von WordPerfect umfassend zu erläutern, wird auch dem interessierten Leser eine ziemliche Durststrecke zugemutet. Die Zielgruppe dieser Sprache und ebenso dieser Lektion ist mir nicht klargeworden: Denn was den „Textverarbeiter" mit großer Wahrscheinlichkeit überfordert, das frustiert den „Programmierer" ob seiner kläglichen Möglichkeiten sicherlich ebenso.
An dieser Stelle sei mir auch die Frage gestattet, warum dem Leser mit den Abbildungen, die den Bildschirminhalt wiedergeben sollen, ein Grafikmodus – und auch noch in profaner CGA-Qualität – suggeriert wird? Ein wesentlicher Vorteil von WordPerfect besteht für mich doch gerade darin, daß es weitgehend alle Bildschirmaktivitäten im technisch einwandfreien Textmodus abhandelt. Selbst eingebundene Grafiken werden während der üblichen Schreibarbeit als leere Kästchen dargestellt, und erst bei Bedarf ist man z. B. mit dem sogenannten Page-preview-Modus in der Lage, sich die entsprechenden Abschnitte in der endgültigen Fassung und im Grafik-Modus anzusehen. Dies gewährleistet zügiges Arbeiten und schont zudem die Augen.
Selbstverständlich tut dies der inhaltlich gut aufgearbeiteten und ohne Zweifel nützlichen Lektüre keinen nennenswerten Abbruch. Die zwei zugehörigen Disketten erleichtern nicht nur über die mitgelieferten Übungstexte das Nachempfinden der Probleme und Lösungen, sondern sie bereichern die „hauseigene" Grafikbibliothek auch noch mit aussagekräftigen Piktogrammen.

Ein insgesamt empfehlenswertes Buch für alle, die das moderne und erfolgreiche Textverarbeitungssystem über den gelegentlichen Gebrauch hinaus nutzen wollen. WordPerfect-Vorkenntnisse sollten aber dringlich vorhanden sein. *B. Prager*

Integrierte Software im Vergleich

von E. Hölzenbein und A. Krings, Dr. Alfred Hüthig Verlag Heidelberg, 1989

Gerade auf dem Gebiet der Büroautomatisierung haben durch den breiten Einsatz leistungsfähiger PC-Technik integrierte Softwaresysteme stark an Bedeutung gewonnen. Trotzdem sind ihre konkreten Einsatzmöglichkeiten nach wie vor weitgehend unklar. Speziell zwei Fragen wurden bisher nicht geklärt:
1. Welches integrierte System ist für welche Aufgabenstellung am besten geeignet?
2. Für welche Aufgabenstellungen ist der Einsatz eines integrierten Systems statt herkömmlicher Einzelsysteme (z. B. dBASE-III oder WordStar) sinnvoll?
Das vorliegende Buch versucht durch einen Vergleich verschiedener Systeme zur ersten Frage Antworten zu geben. Die zweite Frage wird nicht berührt. Beim ersten Lesen des Buches fällt die klare, übersichtliche Gliederung und die gute Strukturierung auf. Abbildungen von konkreten Bildschirmausgaben bzw. Menüs erleichtern das Verständnis. Besonders positiv ist die Zusammenfassung der Ergebnisse in tabellarischer Form zu bewerten. Das Buch scheint tatsächlich einen guten Überblick über die einzelnen Systeme zu geben.
Beim genauen Studium fallen jedoch eine ganze Reihe von Schwächen auf. Zunächst ist die Auswahl der zu vergleichenden Systeme etwas unverständlich. Während von den sechs integrierten Systemen vier auf IBM-PCs unter MS-DOS laufen, nämlich FRAMEWORK II, OPEN ACCESS II, Office Manager und Symphony, laufen die Systeme Jazz und Ragtime auf dem Apple Macintosh. Wegen der völlig anderen Hardwarebasis und des daraus resultierenden anderen Betriebssystems ist ein Vergleich zwischen diesen beiden Gruppen recht problematisch, was im Buch auch deutlich spürbar wird. Zum anderen stellt sich die Frage, warum in die Gruppe der PC-Systeme nicht auch weitere Systeme, wie SMARTWARE II, Knowledgeman oder GURU aufgenommen wurden.
Die Autoren schreiben im Vorwort auf Seite 7: „Die ... Programmpakete werden miteinander so verglichen, daß der aufmerksame Leser leicht erkennen kann, welches Programm für ihn am besten geeignet ist." Diesem Grundanliegen kann das Buch leider nicht gerecht werden, da ich die Schlußfolgerung ziehen würde, daß zumindest die vier PC-Systeme bis auf geringfügige Unterschiede einen mehr oder weniger ähnlichen Leistungsumfang haben. Das wird besonders deutlich, wenn man sich die einzelnen Vergleichstabellen ansieht. Nun ist auch das sicher eine beachtenswerte Tatsache, doch trägt sie eben kaum zur Entscheidungsfindung bei einem potentiellen Nutzer bei.
Natürlich habe ich bei der Rezension des Buches insbesondere die Verhältnisse in der DDR im Auge. Bis auf wenige Ausnahmen wird hier bisher – leider – hauptsächlich mit „adaptierter" Software gearbeitet.
Daneben werden vereinzelt auch OPEN ACCESS und Symphony genutzt. Den weitaus größeren Anwenderkreis hat dabei INSYS. Daraus ergibt sich, daß bei einem Vergleich integrierter Software besonders große Interessen bei dem System INSYS bzw. dem Vorbild SMARTWARE liegen dürften, das jedoch nicht erwähnt wird. Untersuchungen in der DDR ergaben, daß SMART sowohl FRAMEWORK als auch OPEN ACCESS und Symphony auf praktisch allen Gebieten klar überlegen ist.
Zusammenfassend möchte ich drei Punkte hervorheben: Das Buch ist methodisch hervorragend aufgebaut; die inhaltlichen Angaben sind wegen der Ähnlichkeit der Programmsysteme einerseits und der unterschiedlichen Hardwarebasis andererseits nicht allzu aussagekräftig; speziell für die DDR ist das Buch aufgrund der besonderen Hardware- und Softwarebedingungen nur von relativ geringem Interesse. *H. Kliem*

Anweisungen

```
Einfache Anweisung           <ausdruck>;
leere Anweisung              ;

Block (Verbundanweisung)     {
                             [<vereinbarungsliste>]
                             [<anweisungsliste>]
                             }

If-else-Anweisung            if (<ausdruck>)
                                 <anweisung>
                             [else
                                 <anweisung>]

While-Anweisung              while (<ausdruck>)
                                 <anweisung>
Do-while-Anweisung           do
                                 <anweisung>
                             while (<ausdruck>)
For-Anweisung                for (<ausdr>; <ausdr>; <ausdr>)
                                 <anweisung>
                             for (i = 0; i < N; i++)
                                 f[i] = 0;

Switch-Anweisung             switch (<ausdruck>) {
                               case <konstantenausdruck>:
                                 <anweisungsliliste>
                                 ...
                             default:
                                 <anweisungsliste>
                             case <konstantenausdruck>:
                                 <anweisungsliste>
                                 ...
                             }

Continue-Anweisung           continue;
Break-Anweisung              break;
Return-Anweisung             return [<ausdruck>];
Goto-Anweisung               goto <marke>;
                                 <marke> : <anweisung>
```

Standardfunktionen für die Tastaturein-/ausgabe

<stdio.h>

```
int getchar ( )          char *gets(s)          197
                             char *s;           200

int putchar(c)           int puts(s)            208
    int c;                   char *s;           209

int scanf(format [, pointer...])                210
    char *format;
```

Konvertierungsvorschrift

```
% [*] [<feldbreite>] [l|h] <konvertierungszeichen>
  |        |           |       └ % n d u o x i
  |        |           |         e f g s c [scanset]
  |        |           └ l = long, h = short
  |        └ maximale Feldlänge
  └ Wertzuweisung unterdrücken
```

Trennzeichen in der Formatkette werden ignoriert, alle anderen Zeichen müssen in der Eingabe vorkommen. Trennzeichen in der Eingabe wirken als Trennzeichen außer bei %c.

```
int printf(Format [, arg ...])                  206
    char *format;
```

Konvertierungsvorschrift

```
% [<flags>] [<feldbr>] | * ] [.[<genauigk> | * ]] [l]<konv_z>
                                                   └long
                                                   └ % d o u x X
                                                     f e E g G c s
                                 └ Dezimalstellen
                                   Anz. signif. Stellen
                                   max. Ausgabefeldlänge
             └ minimale Feldbreite
  └ - : linksbündig
    + : Vorzeichen erzwingen
      : Platz für Vorzeichen freihalten
    # : Int-Zahlen in C-Syntax
        Punkt bei e, E, f, g, G erzwingen
        Abschließende Nullen erhalten bei g, G
```

Standardfunktionen für den Dateizugriff

<stdio.h>

```
FILE fopen (filename, type)                                  194
    char *filename, *type;
        └ "r" "r+" "a" "w" "w+" "a+"
int fclose(filepointer)                                      193
    FILE *filepointer;

int getc(filepointer)        int fgetc(filepointer)          197
    FILE *filepointer;           FILE *filepointer;          197
int putc(c, filepointer)     int fputc(c, filepointer)       208
    int c;                       int c;                      208
    FILE *filepointer;           FILE *filepointer;

int ungetc(c, filepointer)                                   220
    int c;
    FILE *filepointer;

char *fgets(s, n, filepointer)                               200
    char *s;
    int n;
    FILE *filepointer;
int fputs(s, filepointer)                                    209
    char *s;
    FILE *filepointer;

int fread(ptr, size, nitems, filepointer)                    195
int fwrite(ptr, size, nitems, filepointer)                   195
    char *ptr;
    size_t size;                                     <types.h>
    int nitems;
    FILE *filepointer;

int fscanf(filepointer, format [, pointer ....])             210
int fprintf(filepointer, format [, arg ...])                 206
    FILE *filepointer;
    char *format;

int sscanf(s, format [, pointer ...])                        210
int sprintf(s, format [, arg ...])                           206
    char *s, format;
```

Standardfunktionen für den Dateizugriff

<stdio.h>

```
int fseek(filepointer, offset, origin)                       196
    FILE *filepointer;
    long offset;
    int origin;
long ftell(filepointer)                                      196
    FILE *filepointer
void rewind(filepointer)
    FILE *filepointer                                        196

int fflush(filepointer)                                      193
int feof(filepointer)                                        193
int ferror(filepointer)                                      193
void clearerr(filepointer)                                   193
int fileno(filepointer)                                      193
    FILE *filepointer;
```

UNIX-Systemschnittstelle für Dateioperationen

<fcntl.h>+<types.h>+<stat.h>

```
int open(filename, oflag [, mode])                           142
    char *filename;
    int oflag, mode;
      |    └ Schutzmodus (9 Bit)
      └ O_RDONLY O_WRONLY O_RDWR
int creat(filename, mode)                                    142
    char *filename;
    int mode;
int close(fd)            int unlink(filename)                144
    int fd;                  char *filename;                 144

int read(fd, buffer, n)                                      145
int write(fd, buffer, n)                                     145
    int fd;
    char *buffer;
    unsigned n;

long seek(fd, offset, origin)                                145
    int fd, origin;
    long offset;
```

Zeichentyp- und Zeichenkettenfunktionen

<ctype.h>/<string.h>

```
int toupper(c)           int tolower(c)                      188
int isupper(c)           int isspace(c)                      190
int islower(c)           int ispunct(c)
int isalpha(c)           int iscntrl(c)
int isdigit(c)           int isprint(c)
int isxdigit(c)          int isgraph(c)
int isalnum(c)           int isascii(c)
    int c;                   int c;

char *stract(s1, s2)     char *strncat(s1, s2, n)            215
char *strcpy(s1, s2)     char *strncpy(s1, s2, n)
int strlen(s)
int strcmp(s1, s2)       int strncmp(s1, s2, n)
char *strchr(s, c)
char *strrchr(s, c)

    char *s1, s2, s;
    int n, c;
```

Management-Funktionen

```
                                                     <malloc.h>
char *malloc(size)       void free(pointer)                  203
    unsigned size;           char *pointer;                  203
char *calloc(nelem, elsize)                                  203
    unsigned nelem, elsize;

                                                     <setjmp.h>
void setjmp(env)         void longjmp(env, val)              214
    jmp_buf env;             jmp_buf env;                    214
                             int val;
                                                     <signal.h>
int (*signal(sig, func))()
    int sig;                                                 153
    int (*func)();

                                                      <stdio.h>
int system(cmd_line)
    char *cmd_line                                           217
char *getenv(name)       int putenv(string)                  198
    char *name;              char *string;                   209
```

Präprozessoranweisungen

Bezeichner- und Makrodefinition

```
# define <bezeichner> <zeichenfolge>
# define <makrobezeichner> (par, ...) <zeichenfolge>
# undef <bezeichner>
# define DEBUG
# define abs(x) (x < 0 ? -(x) : x)
# undef DEBUG
```

Include-Anweisung

① `# include <<filename>>`
Datei wird in Include-Verzeichnissen (Compilerflag -I) gesucht, dann im Standardverzeichnis

 # include <stdio.h>

② `# include "<filename>"`
Datei wird zuerst im gleichen Verzeichnis wie Quellfile gesucht

 # include "mydefs.h"

Anweisungen zur bedingten Compilierung

```
# ifdef <bezeichner>          # ifndef <bezeichner>
[# else]                      [# else]
# endif                       # endif

# if <konst_ausdruck> __ kann auch enthalten:
[# else]                      defined <bezeichner>
# endif                       defined (<bezeichner>)
```

Programmumgebung

```
main(argc, argv)
    int argc;
    char *argv[ ];                        /* oder: **argv; */
{
    ...
}
```

Achtung: Das Feld argv hat argc+1 Elemente, das erste zeigt auf den Programmnamen, das letzte ist NULL.

zusammengestellt von Hartmut Schäfer

ISSN 0232-2892
Mikroprozessortechnik, Berlin 4 (1990) 5
S. 129–160

1 *Flugwanze*

2 *Einheitskreis für k = 3*

3 *Einheitskreis für k = 7*

4 *Flugwanze*

5 *Gemischte Ketten aus Z-Potenzen*

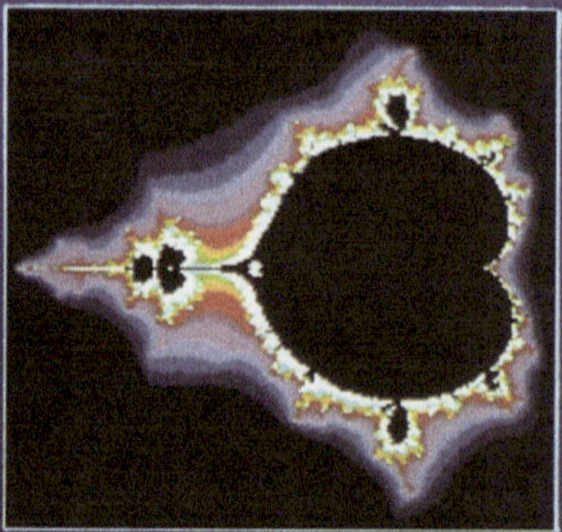

6 *Zellteilung*

Lesen Sie hierzu unseren Beitrag „Fraktale als Interferenzobjekte" in diesem Heft.

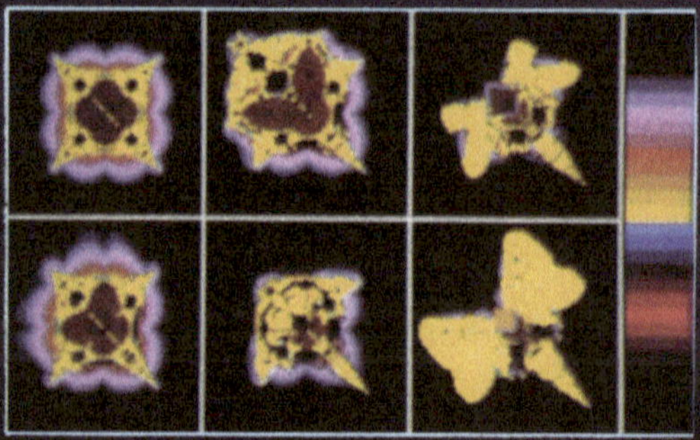

7 *Metamorphose*

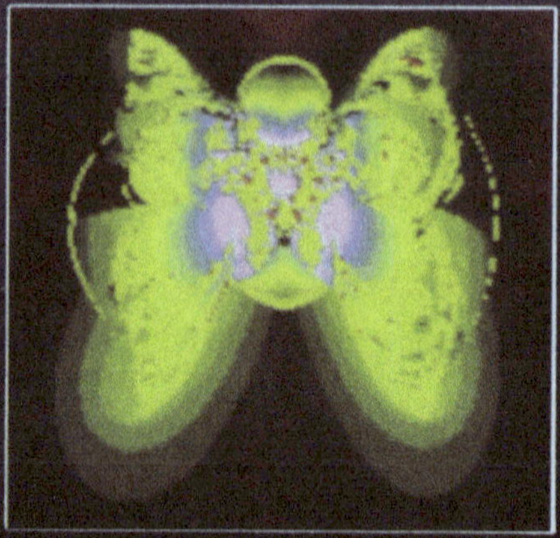

8 *Schmetterling*

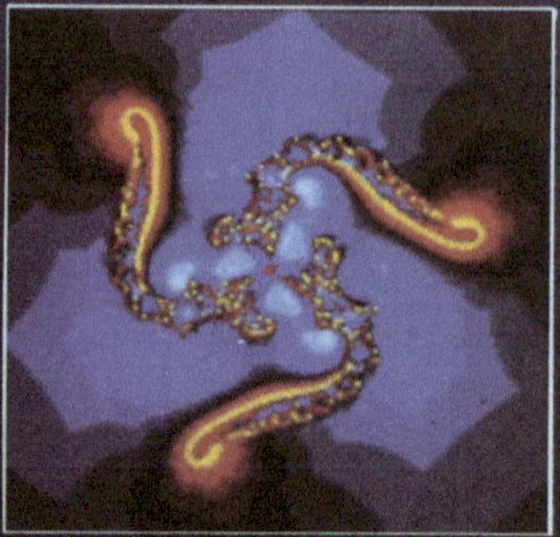

9 *Seestern*

10 *Landkarte Europas*

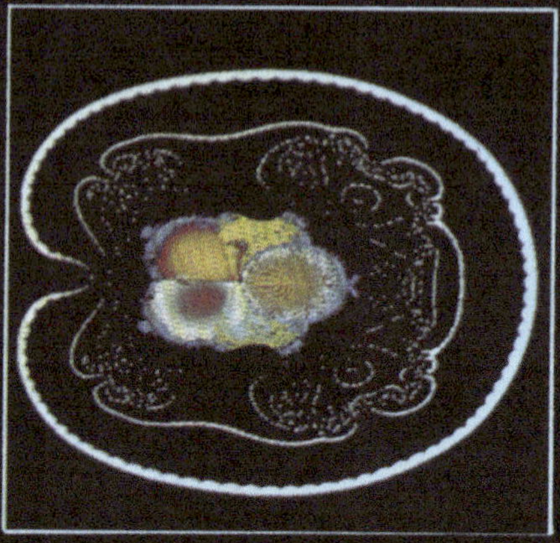

11 *Embryo*

12 *Straßen in die Unendlichkeit*